U0941215

CHECK
FOR YOURSELF EVERYDAY

每天为自己打个钩

60天的职场修炼秘籍

郭腾尹 著

重庆出版集团 重庆出版社

图书在版编目（CIP）数据

每天为自己打个钩 / 郭腾尹 著. – 重庆：重庆出版社，2009.1
ISBN 978-7-229-00407-1

Ⅰ.每… Ⅱ.①郭… Ⅲ.成功心理学 – 通俗读物
Ⅳ.B848.4-49

中国版本图书馆 CIP 数据核字（2009）第 006714 号

每天为自己打个钩
MEITIAN WEI ZIJI DAGEGOU
郭腾尹 著

出 版 人： 罗小卫
策　　划： 华章同人
特约策划： 实践家传媒
责任编辑： 陈建军　刘玉浦
特约编辑： 陈　黎　粲　然　闫　超
插图漫画： 艾雷迪
罗盘装帧： 甘植凡
封面设计： 布克设计

重庆出版集团
重庆出版社　出版
（重庆长江二路 205 号）

北京联兴盛业印刷有限公司 印刷
重庆出版集团图书发行公司 发行
邮购电话：010-85869375/76/77 转 810
E-MAIL：sales@alphabooks.com
全国新华书店经销

开本：787mm × 1092mm　1/16　印张：19　字数：180千
2009年4月第1版　2009年4月第1次印刷
定价：35.00元

如有印装质量问题，请致电023-68706683

目录 Contents

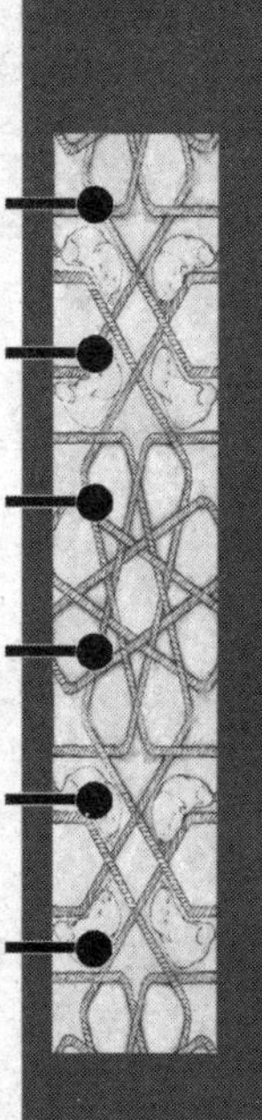

Check For Yourself
EveryDay

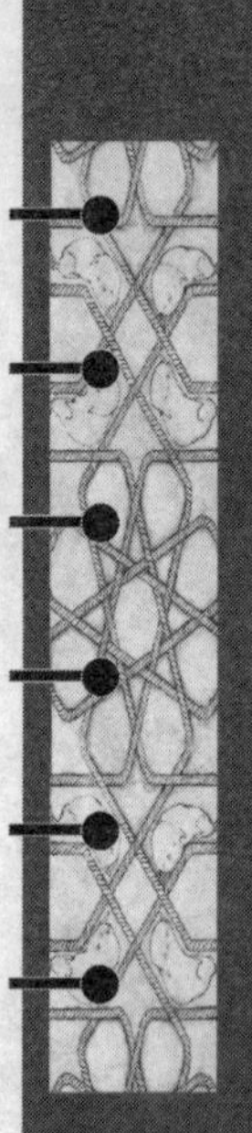

Check For Yourself EveryDay

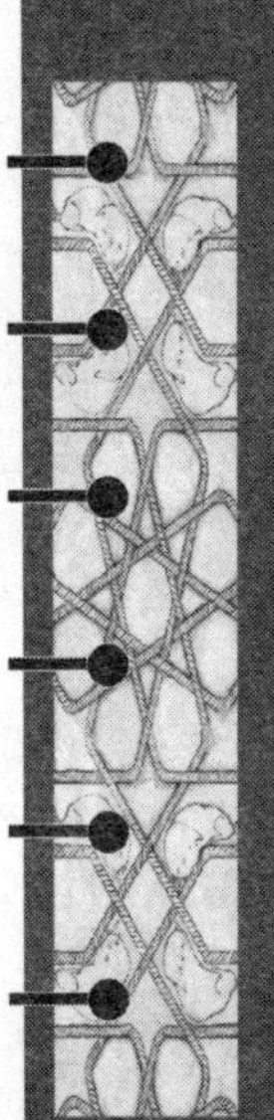

Check For Yourself
EveryDay

走向自觉自满的生活

吴淡如

我和腾尹初相识，很像一些小众文艺片的开头：我在电台当DJ，为了推荐自己的新书，他上我的节目当嘉宾。谈话一开始，我就察觉到腾尹和许多受访者的不同之处：谈吐幽默却不夸张，话有机锋却容易被人接受，不以天花乱坠为噱头却总能一语中的。他属于那类罕见的“能让人感觉舒适且有所得”的谈话高手。

那次访问后，我随即邀请他担任那档电台节目的每周固定嘉宾。而后来的事情发展也符合了我对他的判断：台湾许多电台、电视台纷纷邀约他担任主持人和主讲教授，内地多档节目也延请他担任长期嘉宾。何炅等两岸三地知名主持人都曾和腾尹搭档，对他赞赏不置。能跨越几地媒体语境，转换不同载体形式，依然为观众和工作同伴所接受和肯定——这是许多“名嘴”都无法跨越的BUG，而并不专注以此的腾尹兄，却轻易做到了。

腾尹充满睿智与灵性的言论，与他广博的见闻和对生命的思考不无关系。在我的朋友圈中，腾尹一直被认为“极具徐志摩气质”：他偶尔尝试独自冒险，攀登过大雪山、热爱蹦极；他偏好文艺腔，是上老旧电影院观影的“铁杆支持者”，在和我合演过话剧《欲望街车》后，还自组班底，自导自演了几场话剧……为感知一切美好事物，他的确洞开了自己的心灵，并愿意将其推而广之。

也许，正是综合这种种因素，郭腾尹才能成为郭腾尹。在我们相识的十年间，通过Money&You的讲授、通过实践家知识管理集团的发展，郭腾尹在亚太财经人士中已是声名赫赫。马来西亚、菲律宾、泰国，甚至日本、韩国等许多国家和地区的知名企业家，都不约而同视他为“心灵牧师”。在腾尹无私正直的持续帮助下，他们受到感召，调整自己在纷繁人世与俗务中失衡的心态，致力于寻找充满廉洁、喜乐、勇气、公正和爱的心灵栖所。

近期即将出版的《每天为自己打个钩》，最能反映“郭腾尹”的方方面面。在这本书里，腾尹延续了自己的言语风格，从日常最琐碎微小的生活习惯入手，直指最深远人生意义的反思。同样，在这本书里，我们还能读到内地六十余位关注“心灵成长”的企业家，在郭腾尹的影响下，如何着力改变自己的习惯，并得到令人喜悦的成果。他们所有话语的叠加，让我们看到一个令人欣羡的人生：如果说腾尹的思想是一颗抛出的石头，在飞跃途中，他丝毫不炫耀于自身的重量，不担心与空气摩擦带来的损耗，他只是一味投身于广袤的大地，全身心地希望飞得远些，落下时能泛起更大的涟漪。

是的，在这本书里，我的好友郭腾尹依然为影响与净化他人心灵做着自己的人生修行。而我也和其他读者一样，在本书的阅读过程中，亲历了他“思想的实践者”们——内地诸多成功企业家如何通过为自己的人生“打钩”，从而走向自觉自满的生活。真好，这是本通过思想与文字使彼此人生真正遥相呼应的书。

期待你和我一样，喜欢这本书，信任郭腾尹能给你的人生带来变化。

改变世界的力量

林伟贤

多年的好友兼事业伙伴腾尹的新书《每天为自己打个钩》即将出版，彼时，我正为着全球商业模式公益论坛在世界不同的城市奔波，实践家教育集团刚刚迎来她成立十周年的庆典，华文 Money&You 课程第 249 期成功在上海举办……

二十六年前，当我和腾尹还都是为梦想痴狂的少年时，并不敢奢望有一天会拥有改变世界的力量；十年前，当实践家教育集团还仅仅是台北的一间小办公室时，我们似乎并没有想到，今天，她会发展到亚洲二十八家分公司，几乎在全球各个行业的中上游都有我们的学员。BSE 商学院的学员绝大多数都是企业家，近年来，他们在自己的公司运营中遇到不同的问题，最终选择到这里与伙伴们一起学习、交流，他们渴望从中得到更多的正面指导和信息，特别是在这个貌似全球商界都笼罩着一种并不乐观的情绪的阶段。

有感于教育责任的重大，腾尹把他个人和实践家教育集团这些年来在不同时期、不同城市获得成功的诀窍，结合人生、事业的一些感悟一一记录下来，并从中提炼出正面思考，通过改变自己改变命运进而改变世界的黄金定律，与公司员工、学员家人和全世界更多的朋友们一起分享。对于这一原理的阐述，也许腾尹并非第一人，但他没有停留在前人励志的口号上，而是把正确的价值观与积极的心态、科学的方法自然地融合在一起，通过每天为自己打个钩这一生活细节，诠释小习惯就大成功，以当下点滴积累赢得人生圆满的真谛。

这本书，是腾尹诸多作品中，最能彰显其灵魂的洁净高贵以及心思深邃细腻的一部。书中既包括作为企业管理者与下属、朋友、家人和谐相处的大智慧，又涵盖开会的方式、时间的管理、工作的轻重等经营管理之道，还介绍了走一段路回家、规划下一次旅行甚至是午睡一会儿这样的生活小调剂。它就像是一块被我女儿称作“层层惊喜”的蛋糕，六十层，每一层的厚度和力度都刚刚好，看起来简单一致，细细品味甚至回味的时候才发现，每一层都不一样。

腾尹的书稿也是我在飞机上甚至赶往机场的车上，都忍不住要拿出来再细读一遍的为数不多的作品之一。捧着它的时候，我无比清晰地感觉到，过去的十年甚至几十年，我们的实践家教育集团，海峡两岸的员工、学员家人，以及全世界企业家和成功人士，走的是多么相似的一条路。也只有在读到它之后，回顾近期所遇到的困惑和苦闷的倾诉者，无论他是畏惧职场冬天的白领，还是担忧金融海啸的银行家，都可以从中获得一种强烈的力量，它就像是一台心灵和人生的引擎，推动着读到它的每一个人，不断勇敢地向前。

今天，为自己打个钩

不知道是不是小女孩都有当老师的梦想，记得女儿刚念小学时，很喜欢在自己的学习单或练习卷上用红笔来批改，煞有介事地在每一题上面打钩，而且在运笔间就仿佛和真的小老师一样，最后也学老师的笔迹，在右上角打上应得的分数，女儿很高兴地拿着自己满分的考卷，而她一路上流利地为自己打钩的笑容与自信，一直在我的脑海中印记深刻。

离开学校后，成为在社会中奋斗的一员，庆幸的是离开了终日大考小考的岁月，可是我们也少了为自己打钩的那份自在。其实在职场上的每一天都跟在考场一样，一件事做完了、做对了、做好了，也代表着不同分数的等级，一个做事积极认真的人和一位虚应了事的人，就会给人们不同的分数与印象，我们希望能在学业上进步、能够名列前茅，其实和我们渴求在职场上受人器重的心情是一样的，只是在别人给我们打分数之前，可不可以自己先给自己打分数？如果我们都不满意自己的表现，那么我们就很难得到他人的器重。

于是我觉得应该唤起每一个人对自己打钩的快感，虽然我们没有了学校的习题，但是我们可以把每一天自己设定要完成的事项当成试卷，每完成一项时，就可以给自己打个钩，这些事不只是工作上的内容，也可以是家庭、人际交往、健康运动、个人学习等，有些事可能要花一两个小时才能打钩，但是有些事可能是数秒钟就可以完成，例如传真一张信用卡的订单，或是打一通电话给某一个重要的人。

为什么一定要写出来呢？因为当目标可视化以后，将会增加我们的行动力，因为它无形中会给我们一些压力，人们都有追求一致性的渴望，你会透过这种方式展现比平时更积极的作风。这些年来我真的力行，它不只让我有效率地完成我的目标，也让我在打钩一件已完成的事情后，更有信心朝下一件事情迈进。当今天所要完成的事都打钩以后，那一天我会很满意自己的表现，先不论每一件事的发展是否真的如我们所愿，但是不逃避的心情，仍让我感受到心灵的充实。

这些待办事项，每个人会因职业内容而有所差异，我有时为了调整自己，还会故意写一些很简单的事，例如 e-mail 一份讲义、打电话问机票的价钱等，即使简单，但是打完钩一样会让你很有成就感，随着已完成事项的增加，我们更想要全部 clean 掉，就像爬山一样，一旦路程过半之后，你会有一定要爬上山顶的雄心。就是这么简单的方法，它让你有了不同的生活感受。如果我们再加上一些对生活细节的关注，我们会在赚钱之余也有了更好的生活质量，能够依然与人保持良好的互动。

现在你要做的就是找一本工作日志或记事簿，然后开始规划即将展开的这一天。喔！不，是整个新的人生。

☑今天，为自己找一本工作日志或记事簿。

三五句话对这篇文章的总结：

○ ______________________________

○ ______________________________

○ ______________________________

在这里写下你对明天的规划，对未来一周、一个月、一年的规划吧！

未来一周我将完成以下事项：

○ ______________________________

○ ______________________________

○ ______________________________

未来一月我将完成以下事项：

○ ______________________________

○ ______________________________

○ ______________________________

未来一年我将完成以下事项：

○ ______________________________

○ ______________________________

○ ______________________________

给上面的规划一一打上钩，我们希望您实践了这本书的法则后，再来看看这些愿望是否能一一实现。今天开始养成打钩的习惯！

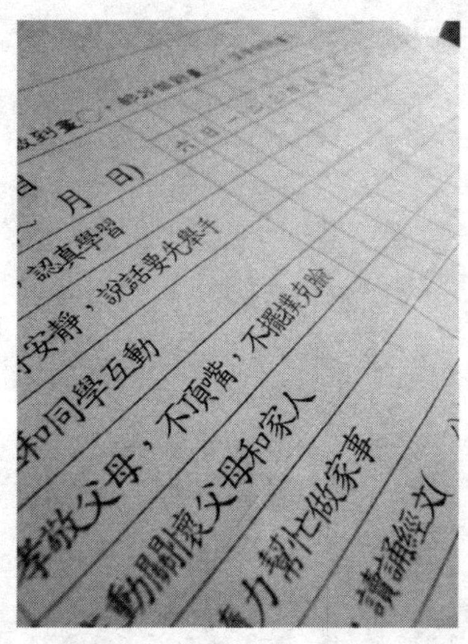

女儿从学校回来，手里抓着这样的本子。这是老师要求转交给父母的。每天做到的事项，师长会同时审阅和打钩。每个人都应该唤起对自己打钩的快感。马上找一本工作日志或记事本吧。重新规划你新的一天，重新认证你的全新人生。给自己打钩是一个心态，也是一种习惯，回头看看也许这就是成功之桥吧。

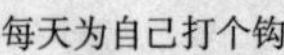

心里放一副扑克牌

实践家教育集团副总经理、NLP心理建设领域专家、遇见潜意识能量训练课程导师　林君翰

大学毕业以后一直从事市场营销的工作，从多层次直销、保险、生物科技到现在从事的培训工作。十几年下来积累一个很重要的心得——客户总是拒绝的比购买的多；询问的比行动的多。因此我建立了两个很重要的习惯，来帮助我随时保持正面积极的心理状态。

第一个习惯是在起床前我会固定问自己这句话："今天会有什么好事发生在我身上呢?"当我问自己这句话时，我便容易在一整天中不自觉地专注在好事上，哪怕只是一顿妈妈或是老婆做的早餐、开车上班时见到的蔚蓝天空、走在路上看见一个陌生人的微笑、演讲时学生热情亲切的提问、客户回信的电邮、同事一句问候，对我来说这些都是好事。养成这样的习惯以后，等于在一天的开始就在我的脑中放了一个过滤器和搜寻引擎。我脑中的过滤器会自动过滤掉我觉得不好的事，而只专注在搜寻我看得到、听得到、感觉得到，让我轻松、愉快、自信有成就的事物。几年下来也让自己能从紧绷的业务战场中随时调整并保持轻松有弹性的状态，反而让我有更好的业务营销绩效。

第二个习惯是当遇到客户拒绝时我有一副心里的扑克牌。一副扑克牌有 54 张牌，其中有 52 张牌是数字牌和王牌，有两张是鬼牌。我把那两张鬼牌当成是会跟我购买成交的客户，其他是会因为各种原因拒绝我的客户。一开始在培养这个习惯时我真的会带一副扑克牌在公文包里，

每遇到一个拒绝我的客户，我就把一张牌往后放，并且告诉自己，再拜访多少人之后就会有两个成交啰。在这样练习和培养习惯的过程中，我发现自己在心理状态上的转变：我遇到挫折和拒绝会有一种更想往前、愈挫愈勇的态度。因为我很清楚每多一个人拒绝我，我就离成交又进一步。现在的我已经不需要放一副扑克牌在公文包，因为在我心里已经有一副清晰的扑克牌。唯有我真正有拜访邀约到这么多的量，我才能有够多的成交几率，而在每一次拒绝后只要我不断修正，就能有离成交更进一步的机会，大多时候也因为这样的练习让客户很容易感受到我的热情和积极，反而大幅度提升成交的几率。现在的我也因为这样的习惯，变得更容易去做自我察觉，修正每次的错误和态度，用更积极、更兴奋的心理状态去面对下一个客户和机会，因为我很清楚地知道：我又离成功更进一步。

背景链接：

林君翰，高三年级就成为日商妮芙露区域经理，年薪百万，领导560人。

宏泰人寿高峰会年度会长（年度业绩第一名），美国寿险百万圆桌俱乐部与COT荣誉会员。2002年参加台湾Money&You课程，2007年担任实践家教育集团台湾副总经理。遇见潜意识能量训练课程导师。专业背景包括：ABNLP美国神经语言程序学考证局执行师、ABH美国催眠治疗考证局催眠治疗师、TLT美国时光线治疗协会执行师。

今天，换换吃

父亲是个一辈子正直的人，可说是“一路走来，始终如一”的实践者，过去父亲在电视台任职时，我们家只能看该电视台的节目，如果转到别台都会被父亲制止，因为它有违父亲的赤胆忠诚。这种思维也反映在父亲不是一个长袖善舞、能言善道的人，相反地，父亲的拘谨与一致性是一生的写照。

即使已从电视台退休，而数十家有线电视台林立，父亲打开电视遥控器的开关后，几乎很少转台，看的新闻及政论节目是固定的，他不像我拿着遥控器一分钟转六十台，然后忘了前面有哪些节目，又继续重头再转一次。父亲理头发的店是固定的，他要买东西不会去家里附近的大润发，而是乘着去台北国军英雄馆与同乡聚会时，到附近的福利中心买，他请客的餐厅总是那二三家，最夸张的是他数十年来每日早起运动，每天十一点三十分吃中饭，下午五点三十分吃晚饭，严格的纪律让他每天的早餐都是吐司夹花生酱，父亲吃不腻，可是我们在旁边看得都腻了，母亲常觉得父亲是个没有生活情调与乐趣的人，大概也是情有可原吧。

我记得小时候放学回家，第一件事就是开冰箱，然后会问妈妈今天晚上吃什么？我总期待妈妈告诉我有些新鲜的东西，这种习惯大概也遗传给了女儿，女儿下了课还没回到家，就先打电话回来问她们的母亲今天晚上吃什么？如果她们对妈妈的答案不满意的话，在电话里就不断唉声叹气，因为双子座女儿觉得学校的营养午餐比较好吃，每天中午都有期待，因为天天都会换。

再好吃的排骨饭连吃一个星期就不怎么好吃了，再香喷喷、热腾腾的卤肉饭连吃几天也会让你的尿酸增高。许多的美好都应保持一些距离，人们才会珍惜与期待，太容易拥有的东西，久了也会让我们不再有感觉，当我们没有感觉时，我们就真的只是在过日子，而不是在享受人生。

我相信对新事物的好奇，也是人们追寻快乐的一种方法，所以人们应该适时地离开舒服圈去体会新经验。习惯很好，它让我们依循旧有的方式作决策，省时间；可是习惯最大的盲点就是让我们保守、不愿意改变。因此如果你是上班族，今天中午吃饭时，你可以问问同事有哪些不错的地方是你不曾去过的？或者给自己一个冒险的机会，把自己想象成电视上美食节目的主持人，想象摄影机就在前面，而你要作出那种Q劲弹牙或入口即化的惊艳感觉，把它当做一件好玩的事，即使真的不好吃，那也可能代表厨师料理的方法不合你的口味，因为可能同样的食材在不同的烹调下，你会有完全不同的评分。

咱们也可以假日不开伙，全家选择一家小馆子用餐，你可以吃日本料理、韩式烤肉、泰缅菜，或是开车到山里找一个可以远眺夜景的地方，吃完后在星空下泡着温泉。换换吃是一种创新，更是一种沉淀。

☑今天，让自己换换吃。

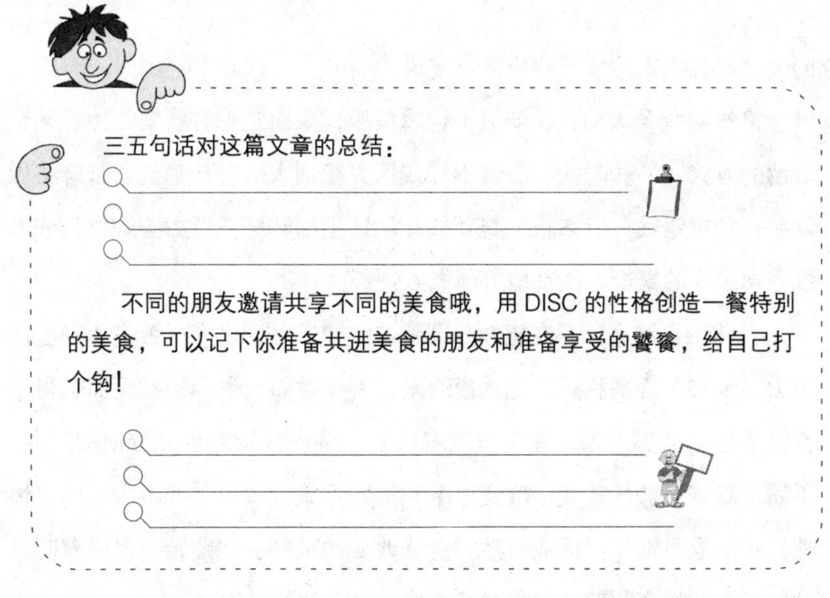

满足家人的胃

厦门美仕福山钢琴有限公司总经理　汪志新

与家人相处的时光，是我生活中最最幸福的，所以我有一个很特别的爱好是给我的家人煮饭。不仅给自己小家里的人煮，我们整个大家庭有十几口人，也会尽量多地找时间组织聚会，每次聚会的时候，我都会煮东西给他们吃。兄弟姐妹的小孩每次见到我，都会非常兴奋地蹦蹦跳跳问我今天要煮的是什么，为了满足十几个人“挑剔”的口味，我也是不辞辛劳地积极提升自己的厨艺。有时候去到不同城市、不同国家，吃到一种新菜，都会用心去想它的做法，然后在下一次的聚会上煮给家人吃。我的菜谱更新够快，才够满足我的家人的胃，带给他们幸福和快乐的美食，是我表达情感的最常用方式。

煮饭对我个人而言，非但不构成负担，反而是一种缓解压力、调整心情的方式。早些时候，心情不好或压力特别大时，我都会去打麻将做调剂，每每输钱。后来想，与其如此，还不如转移注意力去购物，或者操办与家人的聚会，认真地给他们煮顿饭。

目前，也许大家都在想办法调整习惯和思维，以求缓解事业和生活压力，也有人提醒我——把钱捂起来，不要再做投资。但我反而觉得事情没有想象的那么糟，在学习规避风险、调整投资力度和方向的同时，不妨也随着形势的转变，改变思维和经营方式，改掉一些不太好的习惯吧！勉强成习惯，习惯成自然，也许改变的最初会很痛苦，但随着时日的增长，一切变为新的习惯时，生活又是一番新景象。

背景链接：

汪志新曾供职某知名国际金融机构兼投资于地产行业，后因市场形势转变，转投中等消费餐饮并代理雅马哈钢琴销售及教育，她随国际形势变化灵活转变投资方向，被称为“最果敢、灵敏的投资人”。

今天，走一段路回家。

在蒋勋先生所写的《天地有大美》书里，有一段他对人生的描述："我想人生就像马拉松赛跑，如果冲得很快大概就快完蛋了，根本跑不到终点。我们看到许多身边的朋友、社会知名的人士跑不到生命的终点，在他生命很快结束的时刻，我们会有这么多的遗憾，对他的哀悼和惋惜，觉得如果他们放慢了步调，其实可以创造出更多生命不同的意义跟丰富的价值。"

这段文字对于一个重视生活质量与品位的人而言，我相信会有"心有戚戚焉"的感觉，可是对于习惯在商场上拼搏、重视速度与效果的人而言，他会觉得这种人太消极了，过于被动，会平白错失许多大好的机会，这些人善于掌控事情的发生，会给自己及别人很大的压力，也少了份自在随缘的快活。

有些企业家的朋友告诉我他们的生活是很单调的，司机来家里开车，到了公司的车位停好，然后就是一天忙碌的会议与沟通，接着天黑了，司机送回家里。这些老板即使在办公室，也很少抬头看看窗外云彩的变化，很少看到窗台的盆栽上有只白色的蝴蝶在歌舞春天的到来，甚至坐在车上时，也不忘翻阅最新的财经杂志，老板们会熟知国家大事，却搞不清楚家里是归哪一个派出所管辖。也不知道搭捷运要多少钱，家里附近的水电行在哪里。

因为自己没有开车，所以我去公司会搭公交车或出租车，如果是个风和日丽的好天气，我会和大多数的上班族一样，骑着我的小摩托车穿行于台北市的主要干道，我常常会惊喜地发现：哪家餐厅又关门了、哪个店铺在装潢，我和内人会兴奋地猜想，这在家附近新开的店是卖什么的？如果是和自己生活需求不太相关的店，我们还会觉得扼腕，希望它最好开不了多久，然后新的期待又在心中燃起……

如果某天心血来潮，我还会从内湖科技园区的公司走回敦化南路的寓所，这实在是很难忘的经验，因为一趟走下来约要花 100 分钟，按照我走的速度，距离应该至少 7 公里以上。走在民权大桥时，右边是沿着河堤的公园，后面是科区知名企业的总部大楼，左侧可以看到 101 大楼如宝剑般耸立，头顶上偶尔会有飞机掠过，载着旅客奔赴下一个未知；下了桥我会钻进民生小区的巷弄，那儿有台北市难得的恬静安逸，偶尔还会经过阿扁的老宅；从光复北路转南京东路，这儿有我许多爱吃的小吃，我会顺便带一些与家人一起分享；走到敦化北路，看完小巨蛋最新的巨幅户外广告，家就在不远的地方了。夕阳映在两侧的大楼玻璃上，这就是我的一次城市徒步旅行！

我每次走都对这个城市有不同的观察，喜欢去发现一些自己感兴趣的商店，喜欢看街上迎面走来的靓女，喜欢边走边跟着 MP3 音乐一起唱歌的自在，更喜欢回到家的那份成就感。除了突发奇想的实践之外，还发现它是一个燃烧卡路里非常好的方式，你会觉得小腹两侧变得比较有紧实感，可谓一举数得。

7 公里不算近的距离，你当然不太可能每天都这样上下班，但是在你的能力范围之内，就让司机把车开回去吧，你自己试着走回去，看看这个城市和你印象中是否有所不同；如果你搭公交车，就走一段路再搭车，或是提早下车走回家，你可以运动，可以让自己的心灵做一次城市游侠，甚至还可以省一段票的车钱。

走一段路回家，别忘记让自己面带微笑，因为走在那些陌生的街道上，你真的不知道有谁会迎面而来。

☑ 今天，走一段路回家。

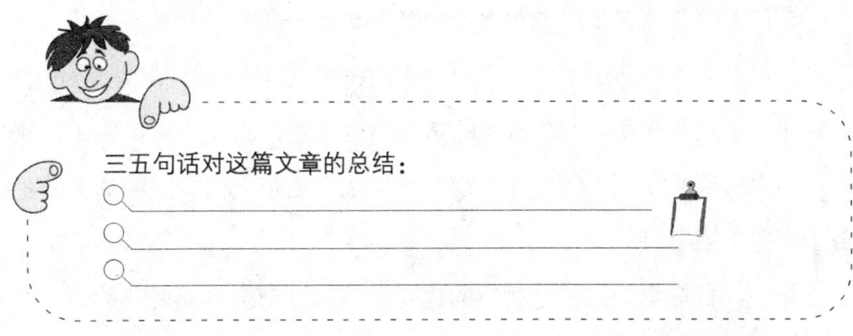

这是我某天下班路上拍摄的照片。此日，和平常364天唯一的不同是：我选择步行，而不是乘车回家。彼刻，我站在台北民权大桥上，回身看着照片里的景色——我工作多年的地方：内湖科技园区，人称“台北小硅谷”，许多IT公司、高科公司聚集之所。夕阳之下我用目光向它致意，就像端详一位朝夕相处的家人素昧平生的侧脸，心底荡漾新的感情。生活的惊喜，归功于选择另一种方式做常做的事。

由赛场到职场

广西数字电视实践家接力教育频道总经理　覃悦

成功，就是实现目标，当一个人用生命去实现目标，那就是伟大。所以对奥运选手来说，只要他 / 她站在奥运赛场，Every one is No.1 。这就是值得所有职场人士借鉴的奥运选手的成功之道。他们成功的关键也源于一些关键习惯：

第一，目标第一。整个奥运的比赛系统都是围绕目标展开的，一个运动员想在奥运会上夺冠，首先要先进入国家队，然后必须参加奥运选拔赛进入代表团，最后在奥运赛场上还有若干的比赛才能通向冠军领奖台。假设把一个奥运团队看做企业，这样的企业岂能不卓越？

第二，善于修正。运动员训练时一定要有教练，因为只有通过教练，运动员才能改进技术、调整战术。在奥运会上，我们看到运动员在比赛间隙，一定会跟教练做沟通，那是已经养成一个修正的习惯。那么作为职场人士，我们有没有修正系统呢？

第三，看（用）人之长，容人之短。人本无完人，每个人都有长有短。所以在企业管理中看人的时候应该先看长处，选择用一个人一定是他在某些方面有所长，但既然选择他，自然对他的短处也应该事先做好思想准备去包容。

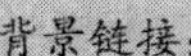

背景链接：

覃悦是企业家、讲师、主持人、专栏作家。开设“覃悦看电影”栏目，以全新的方式谈管理培训。同时以自己的实际经验开设了一堂名叫“心中的奥运”的课程，借助奥运的经营管理之道和奥运选手的训练管理体系来帮助团队提高综效，成为第一个将奥运训练和心理辅导融入培训课程的讲师。

今天，回想三件好事

电影《玩具总动员》里有一句台词是："我们每一个人都要去寻找和唤起生命中最棒的事情！"我很喜欢这句话，后来也把它变成常在课堂上问学生的问题，每个人都可以用心去思考：在过去的岁月中，曾经在什么时间里发生过一辈子最难忘的事情？结果大家的答案有蛮大的差异，有的人是在谈恋爱时；有的人是在旅行中；也有的人是在别人都不看好的情形下有了优异突出的表现，让大家都跌破眼镜。不过共同的是，当下每一个人在回忆那段时光并将它分享出来时，眼神和语气都不一样了，人不知不觉地好像肾上腺分泌增加，有越来越亢奋的倾向，好像整个人又活了起来一样。

看到人们在谈论此事时的改变，我在想我们有没有可能把时间缩短一些，例如去唤起过去一年、一个月或即将过去的当天中所发生最棒的事情，这样我们内心所产生的快乐与满足，会不会更容易感染周遭的人，也更能感受到此刻的幸福。

美国宾州大学的心理学家塞里格曼证明了这点，他在实验中发现一个使人快乐的方法是，每天晚上去回想当天所发生的三件令自己开心的事，并且试着分析它们发生的原因，如果人们愿意天天坚持做这件事并且培养成习惯，它会让一个人的心态产生正面的影响，因为它会使人集中注意力在那些发生的"好事"当中，而不是让自己烦忧的"鸟事"上。

从人类行为学的角度，我们也常用"想法、证据、结果"来诠释，即一个人的想法产生后，我们的大脑会自动地如计算机的搜寻引擎一样，去找到相关的证据，并且得到支持此想法的结果，所以我们的想法决定了我们做事的态度，而态度影响行为，不同的行为就有了不同的结果。所以古人常说“人生不如意事十之八九”，而有智慧的人会说要让自己开心就要“常思一二，不想八九”。

每天回想三件好事是个不错的点子，你可以在睡觉前去找到这三件事情，知道它让自己快乐的原因，把它当做告别今天的一种仪式，然后带着这些好事里的好心情进入梦乡。当然这种仪式也可以变成家里的一种活动，孩子可以分享他在学校里有哪些好事发生；一个在家的主妇也可以从看电视、打扫、阅读、参与小区活动中找到一些好事。只要你给大脑一个指令，它就会老实为你工作，而且每一个人都会因此重复的作用，而具备凡事往好处想的能力。是的，没错，一些行为要成为一种习惯之后，才能改变我们的命运。

今天有哪些好事呢？想到了就给今天打个钩吧！

☑今天，回想三件好事。

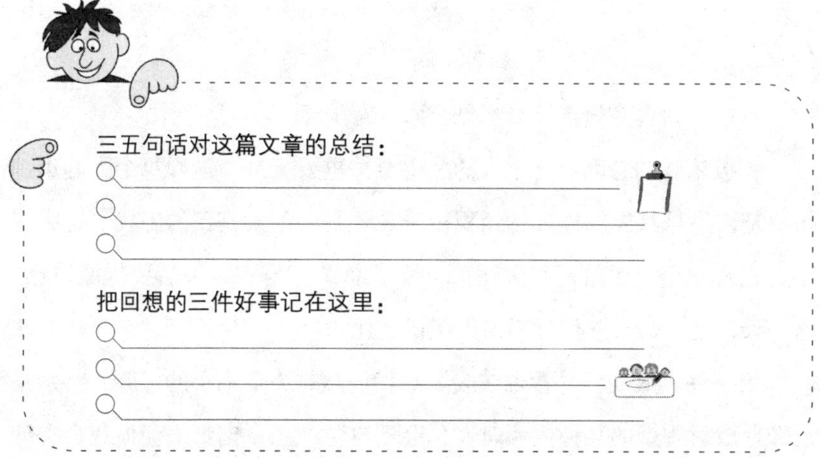

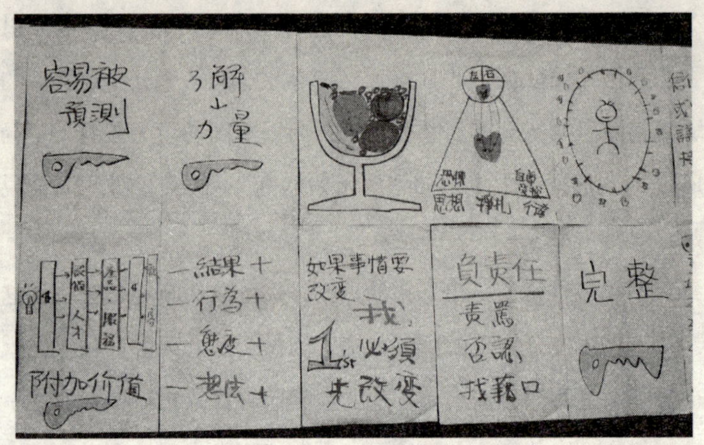

Money & You 课堂上，没有讲义、没有板着脸的黑板，我和学员都会得到一盒彩笔、许多空白大海报。我们涂鸦着海报，并把它们高高挂在墙上。这堂课上有一个必备的家庭作业，就是回想“自己真正被爱过的瞬间”，回想“生命里几件称得上美好的事”。在对往事的回忆与分享中，人生必须坚守的物事如海中之石，毕竟会破水而出。

每天都值得庆祝

山东万达行房地产策划有限公司　高学峰

积极乐观的态度对一个人的一生至关重要，这个道理每个人心里都很清楚，只是具体怎样去达到积极乐观才是一些人真正的困扰。这么多年，我有一个习惯就是每天睡前，除了总结、自省，最后要提醒自己：这一天，至少会有三件好事值得庆祝。比如：

第一件，戒烟。尽管现在戒烟对我仍然是一个不小的考验，特别是已经形成对香烟的某种依赖时，总会不自觉地想拿出烟来。但我会提醒自己，今天比昨天少抽了几支，就是进步。

第二件，应酬。我有个习惯，很被朋友称赞，就是吃饭喜欢抢着买单，大伙都说这是够朋友、爽气的表现。所以，我会告诉自己，今天又有请朋友吃饭，这也是一件有益的事。

第三件，改掉不自觉的小毛病。有段时间，开始上网打牌、下棋，起初只觉得有趣，没发现有什么害处。但是没多久，发现对身体很不好，下班后还会在电脑前玩牌和棋，并且因为投入，动不动会玩得比较久，导致四肢和脖子在没有足够活动状况下，僵硬、疼痛。大脑和眼睛也更加疲劳，有时候会影响睡眠甚至第二天的工作。后来，我决定要改掉这个习惯，所以在每天睡前都会提醒自己，今天好转一些了。

其实，人是很需要自我鼓励的，一点点向前走，每取得一点进步，都为自己继续加油。

背景链接：

万达行营销策划有限公司早在1998年就涉足房地产营销策划行业，运筹帷幄于青岛、大连、济南等多城市的知名地产项目。高学峰本人专注的专业精神和豁达的为人，已成为地产策划“山东帮”的核心人员、意见领袖，得到全国同行的广泛认可和效仿。

今天，记录下重要的事情

好像没多久前才感慨从三十几岁进入到四字头，可是一转眼间又变成了四十好几，进入到人生的下半场，特别容易发现青春的可贵，尤其是自己的工作性质并不完全守在办公室里，因演讲或课程常常台湾南北奔波，近年来更随公司业务的扩展，频频出现在各大机场的候机厅，这样的奔波时间过得更快，自己的孩子也突然变成了亭亭玉立的美少女了。

每到一年岁末的时候，我总是会拿出每天写的日记重新看一遍，许多的往事很容易浮现在脑海里，这是我送走过去一年的做法，相较于大多数人在年终时的浑然，其实我对人生有更多的笃定，可以满怀感激地迎接新的一年。这是我多年来的习惯，这些记录的内容与心情有些时候都会变成我写书的题材。

每次谈到这个习惯时，许多朋友都说他们都知道写日记很好，但是他们不像我常常与文字为伍，所以写的内容并不深刻，最后都会变成无趣的流水账。我笑说其实我大部分的日记就是流水账，但是流水账最真实，而自己的感受只是一种描述，所以我们无须把自己想象成伟人写日记那般磅礴，也不必写得凄美绝伦让自己抑郁落泪，我们只需把今天觉得该记录的事情写下来就可以了。

我会写今天去哪里演讲、承办人是谁、我觉得今天讲得如何、有哪一位学员给我印象深刻、甚至对方讲师费付我多少钱都会写下来。我会写今天和公司同人开会的情形、我做了哪些重大的决策。这个的好处是当我自己遗忘时，我还可以从记录里找到证据，知道我作这些决策的考虑点是什么。

我会写昨晚我梦到了谁、在梦里我做了哪些事、那些在梦境里出现的景象是否有着对真实人生的提醒？我会写去旅行时发生的点点滴滴，记录我买了什么东西、花了多少钱、当地的老百姓和我聊了什么样的话题，在天之涯海之角，我记录着自己真实的感动。

我会记录孩子的成长，知道她们每一次校外教学的地方，甚至第一次生理期来时一位做父亲的诧异、骄傲与失落，以后可能还会有她们的恋爱、结婚、生子……每次在写的时候也像是在写一本家族历史一样，因为有种态度让我在写的时候更有动力，当我晚年时，这些时而整齐、时而零乱的字迹，都会勾起我往日的回忆，在摇椅上，夕阳洒落，我轻轻地合上日记本，那些人、事、物恐怕都已归为尘土，但是我依旧能够看到那个年轻的自己，在风中，在雨中。

所以请记下每天所发生的要事吧，它就像记忆的地图一样，永远让你知道这一路是怎么走来的。

☑ 每天，记录发生的要事或重要的决策。

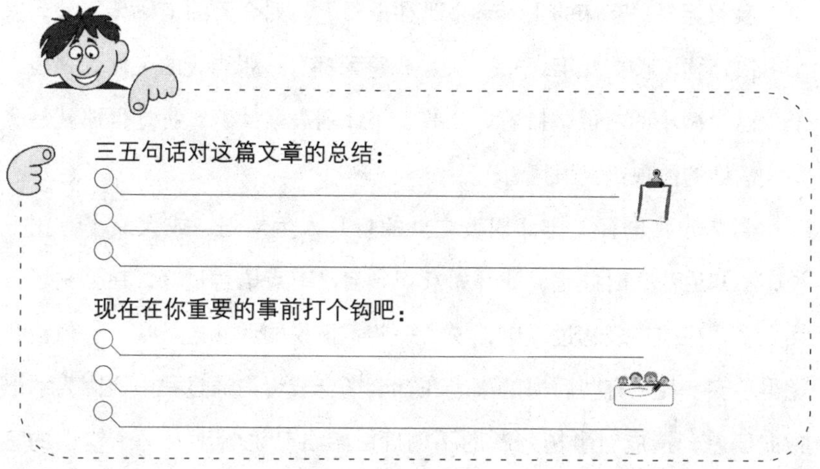

今天，收到北京公司同事发来的短信：“华文 Money&You 课程第 232 期成功举办，人数 218 人。”我要特别在日记上记下这个数字和发短信人的名字，谢谢他第一个把这个快乐的消息传递给我。

执著地规划人生

青岛平度市佳饰工艺城总经理　杜群利

我每天早晨起床的头等事是趴在桌子上，列今天的工作计划表。这个习惯延续了整整九年，3285 天，我每天都有一张当天的工作计划表。

这个微小的习惯坚持着，这些工作计划表累计着，我觉得那就是我事业性格的体现：我很执著。

当然，我也有工作计划表之外的自我人生规划，或大或小。比方说，不知道什么时候起，我开始意识到自己有点语言过盛，在公共场合话太多，往往在表达过程中，说了一些不该说的话。这是唯一一件让我觉得不安、甚至有些后悔的事。在社会场合或者沟通过程中，因为话语指向偏差，造成对事情判断的不明确，给自己也给别人一个错误的答案。话多是不好的习惯。我意识到这个问题后，一直在反省自己、克制自己，到现在还在做着纠正。

现在，我尽量避免参加不必要出席的社交活动。随着社会发展、企业发展，“不必要”的活动也许会越来越少。但拒绝炫耀自己、不自负，多在安静的场合倾听别人的意见，我还是规范着自己这样做的。

另外，我坚持多花时间看书，多思考，研究我的专业。我做的这个事情，还是讲究术业专攻的。把自己的专业做到极致，就不用多说什么了。

无论是列工作表的习惯、或是修正自己生活中其他毛病、思考、读书，对我来说，都是“修身”。尽量在人生中修正错误，才有资格争取完美。

背景链接：

青岛佳饰工艺礼品有限公司，以规模最大、种类最多的典藏礼品行著称，是家居、礼品的“航母”。总经理杜群利秉承执著坚定的信念，在规范经营的同时，还代理上海欧雅等知名品牌壁纸的平度专营业务，他的企业被誉为“美家者乐园，淘宝者王国”。

今天，要感谢一个人

真的！这是我工作日志上每天都会做的一件事，在日志里几乎都会有两页叫“年度计划表”，横跨的两页上面有365天，每一天都有一小格，这小格写不了几个字，一般人都很少用到这两页，而我就用这每天的一小格写下今天我要感谢的一个人。这个人的种类可以有很多种，只要你觉得这个人的出现，或他（她）所说的一句话、所做的一件事，让你觉得受益或给你一段美好的心情，你都可以将这个名字很大方地写下来。

这个人可能是公司的老板、同事或部属，甚至客户，他们可能在无意间的一句话，点通了你长久以来所困惑的问题，他们很有耐心地听你发完牢骚，很愿意鼓励你，让你觉得不孤单，虽然不一定有机会表达感谢，但是写下他们的名字，让自己不会有遗憾。

他会是你的家人，也可能是爱人煮了一顿美食，可能是云雨间给你难以言喻的亢奋，或是一通简讯提醒你不要饿了的真心关怀，那一刻你觉得你是被需要的、被重视的，这时工作再辛苦也都是值得的。

他可能是你认识的人，有可能是你不认识的人，我曾经在那一格里面写下一位陌生女子，那是我从台北要到高雄的航班上，看到一个让我怦然心动的女生，从机舱前面开始寻找她的座位，我在想坐在她旁边的男士一定是个受老天宠爱的幸运儿，而这位女子就在我旁边嫣然一笑，我立刻起身，让她可以走进来坐在靠窗的位置，她望着窗外的云朵，我则偷偷地闻着她的发香，那一刻思绪全无，只听见自己的心跳，她给了我一段愉快的旅程，甚至一天都因“她”而有了缤纷的想象。

我喜欢看电影，不论是HBO或是买DVD，只要我看到一个很好的故事，或很经典的对白，我也会写下这部电影或主角的姓名。有一天在家里，刚好HBO正在播一部《棒球逐梦旅》，这是一部励志型的电影，其中男主角曾在对白中说过一句话：“一个人最棒的天赋，就是把快乐带给别人”，那天就为学到这句话、这个概念而雀跃，这个人即使不认识，你也可以为自己的感谢付诸行动。没错，就是写下电影的片名或主角的名字。

在人行穿越道上，走在前面的一位父亲抱着孩子，孩子的手一边环绕着爸爸的脖子，一边拿着自己的着色簿，忽然一阵强风吹来，孩子的着色簿被风吹落地上，而父亲浑然不知地继续往前走，没有多久，这个孩子手上的着色簿就会被来往的车辆所碾过，我立即捡了起来快步追上这位父亲，拍拍他的肩膀还给他，父亲很感激地对我笑了，也让孩子对我说声谢谢！那一天我也很开心，看起来是我帮助了他们，其实是他们帮助了我，让我因为这小小的付出就能感受到人间大大的温暖。

如果我今天都在写稿子，也没有看电视，我会写要感谢自己，谢谢自己能够选择有兴趣的工作，谢谢自己在繁华中没有迷失，在名利中没有忘我，我能够稳实地往自己的目标与梦想前进，怎么能不感谢自己呢？

小时候读过陈之藩的文章《谢天》，文里说“要感谢的人太多了，就谢天吧”，谢谢老天爷的疼惜，让我们可以呼吸，可以徜徉于天地之间。所以只要用心，你一定可以找到要感谢的人，这个工作很简单，但是它让你这一天是完整而没有缺憾的！

☑今天，我要感谢一个人！

三五句话对这篇文章的总结：

○

○

○

今天，我要感谢的是：

○

○

○

永葆单纯快乐的青春

黑龙江省哈尔滨市创新教育集团董事长 洪伟

也许提起洪伟，身边人想到的首先就是轻松愉快的心情。所以，如果有人问我认为自己最成功的地方，我首先想到的不是我的事业、我的公司、我的家庭多么成功，而是我把快乐的种子带到每一个地方。

这可能与我对人生的理解有关。不是有人说，世上只有两种人，一种是快乐的，另一种是不快乐的吗？而我，就像这种说法所启发的那样，非常自觉地选择做第一种人，并更加自觉地带领我所认识、交往的人快乐。当快乐的心情经过传递、复制，最后又传回我身边的时候，已经有了加倍的效果。

我的职业经常和小孩子、年轻人打交道，所以我尽量用一颗童心、单纯的心去看待世界，这让我更能轻松地与孩子们打成一片。他们都是我的好朋友，有话喜欢对我说，有事情也会首先想到找我帮忙。

感谢状

我和家人相处，也会像一群孩子一样，甚至有时候都会因为贪玩，忘记了早睡早起，变成全家夜猫子，但我想这些都不是问题，关键是我们用愉快的心情面对生活，感谢身边遇到的每个人，并把这种心情不断地传递。

我在公司里与员工打成一片，每天早上带着灿烂笑容走进办公室，大家跟我打招呼的时候，也不自觉地传递出快乐的心情，这让我们能够带着轻松愉快的心情去工作，对于幼儿教育从业者，这是关键。

有人说，女人最大的幸福是永远可以像孩子那样单纯，因为那需要好多好多的宠爱，当然最重要的是命运的宠爱。所以，每当有人带着羡慕甚至嫉妒叫我“孩子”时，我都由衷地感谢爱我的朋友、家人和命运。

背景链接：

洪伟，哈尔滨华东物资公司总经理、哈尔滨华东进出口公司董事长、哈尔滨市创新学校校长、创新教育集团董事长、哈尔滨创新教育科学研究所法人代表、英德威国际教育投资有限公司董事长，中国家长教育工程组委会副秘书长、“黑龙江省巾帼英雄”、“中国公益之星”等。

今天，要让至少一个人说谢谢

我们要在每一天感谢一个人是一个不错的主意，可是若能成为别人感谢的对象，那又是另外一种满足，因为你会觉得能够为人贡献、能够满足别人的需求，等于证明自己是个有价值的人，你会因为这种充实感而更有干劲!

这像是一种竞赛游戏，若给自己设定要成为别人感谢的人，我们就很容易对人释放善意，然后在互动中得到正面的响应。如果听到对方向自己说一声“谢谢”，我就会因“业绩”做到而多一份窃喜。但人总是不满足的，你会想：到底我在一天之内可以让多少人说声谢谢？这是一个有趣又有哲理的竞赛。

例如我从家里出来，与邻居一起下电梯，我按着开门键，让对方先进去，几乎百分之百都会听到对方所说的“谢谢”；当我们过斑马线时，陪着走路较慢的老人家一起过去，并且帮他们挡住那些可能会靠近的车辆，你也会得到老人家的“谢谢”；在公交车让座给需要的人、在开车时多一些礼让，别人对你挥手致意也是一种感谢；在超商里买早点时，让快迟到的人先结账，这又让你多了一次“业绩”；到了自己的办公大楼，要上电梯时，主动问大家、帮大家按要到达的楼层，这时你真的“卯死了”，因为“业绩”会在这狭小的空间快速增加。

因为要让公司的同事也对我说声谢谢，我们就要随时对人表达关心，你会尽可能地去找到可以关心对方的事情，从工作中及家庭中去解决对方此时所遭遇的难题，于是关心与互助成了团队凝聚最大的力量，在无形中也会提升企业的经营绩效。

相较于陌生人与公司伙伴，要让家人对我们说声谢谢，恐怕困难度是最大的。彼此生活在一起，好像变得说这些话有些见外，尤其是如果家里有青春期的孩子，他们的自我意识及待人的态度成了许多父母内在的隐忧，而在媒体的推波助澜下，我们会越来越怀念那个年轻时单纯的环境，那个隔壁张家借酱油、王家借味素的时代。

我想一颗懂得珍惜的心，才会有真诚的感谢。在一个家庭里面，其实每一个家人都是彼此需要的，当我们有可能失去家人时，我们才会有所觉悟，才知道我们平常最忽略的人，往往是一生中最忠诚的守护。因此无怨无悔的付出是必需的，我们可以从对家人的和颜悦色开始，能够耐心地倾听而不预设立场、能够尊重而不自以为是、能够视家人幸福比自己的幸福更重要，我们就可以超越一切障碍，一声家人的感谢往往胜过千言万语。

当然，也别忘了让自己对别人说声谢谢，或许你的一声道谢，也可以让别人在工作日志里高兴地、大大地打个钩。

☑今天，我至少让一个人对我说“谢谢”。

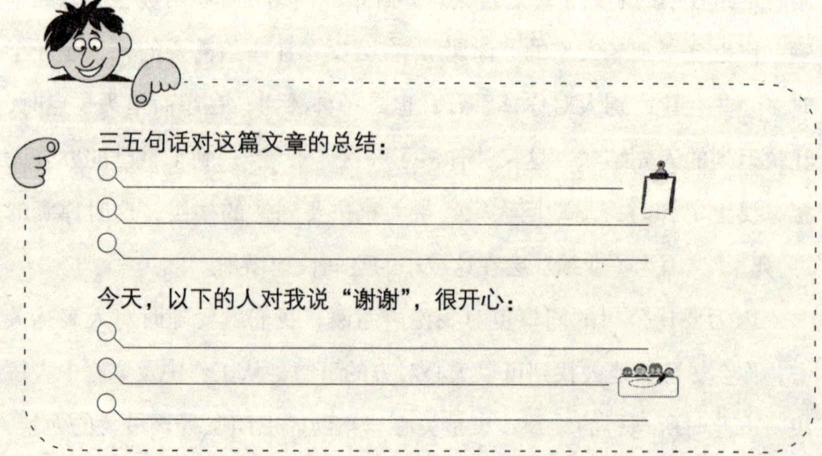

多付出，少争执

安徽省庐峰镀锌有限公司董事长　汪芳银

工作以外的我，是个喜欢给朋友和家人关爱，并视时机给予他们帮助的人。

首先，我把帮助朋友当做每天要求自己的一个人生目标。尽管这与我自己的工作、生活没有最直接的关系，但是它让我更多地发挥自己的作用，也不断通过助人得到朋友的肯定与认可，进而实现自己在与人相处中更大的价值。其实，就像富勒博士所说，如果能让更多的人受益于你，你的人生就不再是平庸的。

在与家人的相处中，我也会尽量要求自己寻找机会给予和付出。因为工作太忙的原因，陪伴家人的机会相对少一些。所以，但凡我不出差的时候，都会尽量多地陪伴和弥补，其实，在家庭生活中，有一个不变的定律是要主动付出，付出的越多，得到的越多。

尽量多付出以外，我还有个习惯是从不与人发生争执，这原本是天生的性格。但现在我对此有了更理智、全面的认识：世界上大多数人和事，并非都要用黑与白、是与非来严格界定的。更多的时候，人与人的冲突和摩擦，是不同的价值观造成的，争执本身除了带来更多误会和伤害，并不能解决问题。与争吵、冲突相比，我更加主张大家心平气和地把事情谈开，避免彼此造成过多的误会和损失。

背景链接：

安徽庐峰镀锌有限公司专业致力于金属表面处理工艺研究和各类钢铁制件的热镀锌业务，以综合生产能力及镀锌技术考究，赢得骄人的业绩和口碑。董事长汪芳银更是以精心细致的服务精神，赢得业界广泛称赞。

今天，好好“玩”30分钟

好友刘台芬是位理财专家，在她的著作《薪水就能致富》中，我看到一则很好玩的故事：

在美国有一位叫萝丝的老太太，很喜欢学习成长，终于在八十七岁那年如愿以偿获得大学入学许可。开学第一天，教授要求这群新鲜人自我介绍，要求每位同学都要去认识一位新朋友，结果萝丝看到了一位年轻的小帅哥，她轻轻地拍了拍对方的肩膀，小帅哥回头看见一个满头花发、满脸皱纹却又笑得开朗的小个子老妇。

萝丝说：“嗨！帅哥！我是萝丝，今年八十七岁，我可以抱你一下吗？”帅哥有些诧异也有些受宠若惊：“当然可以”，帅哥半开玩笑地问：“你年纪这么“小”，怎么就来念大学？”萝丝十分了解这种美式幽默，回答道：“喔！我准备来这里钓金龟婿，然后生几个小孩，退休后再去环游世界。”

一个学年下来，幽默开朗的萝丝成了学校的风云人物，她不论到哪里都很容易和大家结成朋友，虽然年龄不小，但她总是会把自己打扮得漂漂亮亮，对人散发关心与热情。

学期结束时，学校邀请这位“年轻”的学生为大家演讲，而那场演讲让很多人终生难忘。当主持人介绍完萝丝，准备要开始演讲时，不小心手上的讲稿滑落在地上，萝丝觉得有些懊恼，不过她立刻就对着麦克风淡淡地说：“真的很抱歉，我最近老是会掉东西，刚刚要上台时我本来想喝杯啤酒壮胆，却喝到了威士忌，没想到那玩意儿简直要了我的老命，看来我是记不得原先要讲的内容了，那么我就来说说我最熟悉的一些事吧。”

在大家的笑声中，萝丝堆满着亲切的笑容说：“我们不是因为年老而停止玩乐，而是因为停止玩乐才会变老。只有一种秘诀让人青春永驻、永葆快乐成功，那就是必须让自己笑口常开，保持幽默与风趣，还要时时怀抱梦想……”

萝丝后来终于完成了梦想中的大学学业，就在毕业后的一星期，她于睡梦中离开人世，有超过两千位以上的同学来参加她的葬礼。

故事最让我感动的是“我们不是因为年老而停止玩乐，而是因为停止玩乐才会变老”这两句，因为我的工作有许多是“玩”的成分，倒不是荒废正事的那种玩法，而是学习用轻松、幽默的方式掌握人生，也学习用“玩”来降低工作压力。

我的女儿下了课回来会弹三十分钟的钢琴；有人回家会与自己养的宠物玩三十分钟；有人会侍花弄草三十分钟，但无论那是什么，每天你都应该给一段时间去玩自己喜欢玩的事情。有些企业家玩越野机车；有些老板们都喜欢爵士乐，还自己组了个乐团在餐厅驻唱表演，更有老板因为喜欢戏剧，成了舞台剧的常客。

因为“玩”心依然存在，我喜欢一个人旅行，也因为感受到自己还年轻，所以我的演讲越来越少穿正式西装，而是一条牛仔裤加上休闲的西装外套，摘掉旧的眼镜换成流行的黑框，丢掉公文包背起橘色的背包……

找一件事情来玩吧！因为我相信你一定还不到八十七岁，也希望你玩出个名堂。

☑今天，给自己 30 分钟好好“玩”。

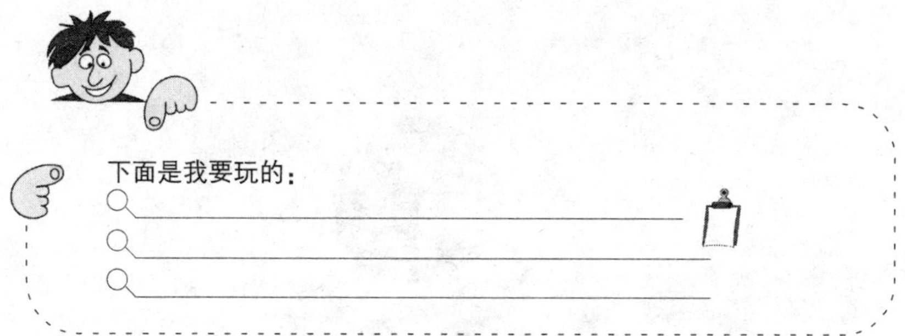

拿到这本书，有很多人有不同的玩法，有人每天要占卜一下，就转转罗盘，转出让自己心情好的篇章，有的公司一个小组每天来完成一个共同的“钩”，给同事打钩；给朋友打钩；给爱人打钩……，你还有什么好玩的玩法，上我们的网站，或者发 Mail 告诉我们吧。

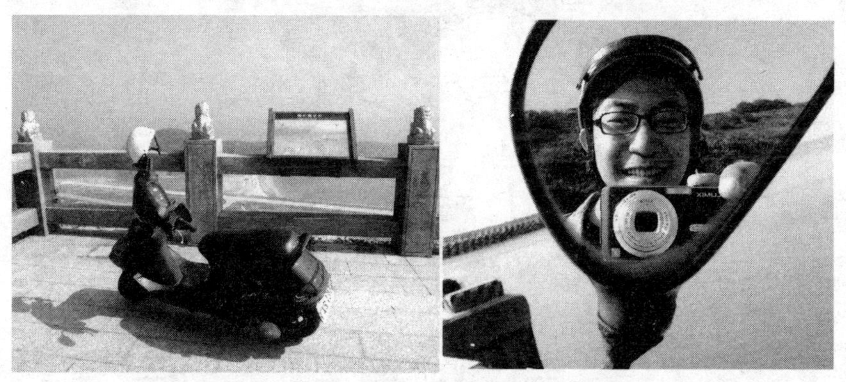

十一月的马祖岛，海风已经透着凉意，但大陆依然阳光普照。我并非特地到此旅游。因为要出差公干，我从台北飞到这岛上，第二天就要搭乘渡轮到福建。虽然只有十几个小时的闲暇时间，我仍旧花极少的钱租了辆小破摩托，四处游弋。反光镜上映照着我的脸。这一刻我敢说，自己真是年轻。

爱坐火车、“打够级”的董事长

皇明太阳能集团董事长　黄鸣

转眼又到一年中总结和计划的时节，回顾2008，光荣与梦想，信念与坚持，伴随着皇明集团一路走来，而公司领导层交班的成功，使我有精力有可能不仅在“产业报国”方面，还可以在“理念兴国”方面多做点事情，有时候，或许也可以稍微放慢脚步，关注自己的生活。

人容易为奢华所累，企业家首先要懂得自持。我个人在生活上，不求奢华，可能这与白手起家的经历有关。秘书有时会讲我出差北京都坐火车的事，其实这在他们看来觉得乐于称道，甚至有些员工还特意效仿，对我个人而言只是习惯。生活越简单越好，没必要铺张浪费，因为中国有句古训“无欲则刚”。

小游戏蕴涵大道理。抽烟、喝酒、赌钱这类的癖好我都没有，但有个习惯是每天中午饭后都要和我的司机“打够级”（山东扑克打法），起初的时候我打不过司机，后来很快开始赢他，现在为了能哄他有信心继续玩下去，偶尔我要故意小输两把啦。周末如果没要紧的事，我都会去踢球，每周一场，跑的速度也有提高，如果在德州的某个球场上，看到队伍里有一个跑全场的老头，不要奇怪，那可能就是我。

说优秀是一种习惯，不无道理。实践家这次倡导的“每天为自己打个钩”很好，我把它理解为自律。无论在工作上、生活上还是与人相处中，都可以推而广之，每天明确目标——督促自己完成——最后检查自己完成情况，这是让人生进入良性循环的过程，也是成功的最简单方程。

背景链接：

皇明太阳能集团是世界上最大的太阳能热水器和真空管制造基地，更是世界上可再生能源产业的商业化示范和领航者。董事长黄鸣在多年来坚持太阳能产业技术开发和创新企业商业模式的同时，更为民众普及太阳能知识作出开创式贡献，是中国能源环境立法的推动者，成为行业当之无愧的第一人。

今天，听听大家的意见

如果你现在有一个一直让自己困惑的问题，而且总是理不出头绪，那么我建议你更广泛地去搜集意见，尤其是不同领域人的想法，这种方式将有助于你看清事情的全貌，然后找到更有效的答案。在组织行为学里，群体的决策往往优于个人，如俗语“三个臭皮匠，胜过一个诸葛亮”一样，只不过大多数的领导者都有独断的作风，很难察纳雅言，所以我建议今天改变一下作风，试着听听不同人的意见。

在《群众的智能》书中列举了一些群体智能大于个人智能的案例：例如说，某一个场合中，要猜测一头牛在宰杀之后还剩多少重量？结果没有一个人的答案是正确的，可是将大家的答案平均后，却离正确答案相去不远。还有在海底里有一艘失事沉没的船，可是却一直没有办法找到其现在的正确位置，于是专家决定举办一次说明会，把当时船航行的路线及周遭环境告知大家，要大家大胆判断沉船的具体位置，而打捞的结果和群体判断出来的位置十分接近。

在自己的课程，我们也常运用培训界常用的“海上求生”为范例：在一次船难当中，我们和组员活了下来，而船上遗留下来包括水、六分仪、收音机、蚊帐、钓鱼竿、兰姆酒、镜子等十五项物品，如果要活下去共同求生，每一个人要先去决定这十五项物品的排序，然后再与小组其他成员共同讨论出代表小组的答案。这时的讨论往往会出现两种情形，一是讨论非常热烈，每一个人都有自己的看法和见解，你必须要学会表达自己的观点，也要倾听别人的论点，最后从冲突中找到妥协；另一种情形讨论非常的顺利，因为有人主导发言，并且坚持自己的看法，或者这里有人职位比较高、阅历比较丰富，人们也会倾向该人的答案，所以有不同意见的人会被视为不识大体的异类。而当正确答案公布后，我们发现透过集体讨论得到共识的答案往往会优于个人，这也证明在团体互动决策上是有 Synergy（综合效应）的倾向。

在办公室里你是个习惯下达命令的主管吗？我们希望今天你稍微改变一下，试着让自己的心态归零，让自己成为可以纳百川的大海，多听听不同人的意见，从不同的角度去观察事物，你可以更容易掌握事情的核心，而不至于沦为刚愎自用的独裁者。

不过群体的力量固然重要，但是有些事情还是要靠一些专业人士，就像术业有专攻一样，因此在辅佐少主、运筹帷幄上，还是要靠诸葛亮才行，若你没有诸葛亮之才智，那就请安于做个负责任的臭皮匠，不过诸葛亮也不能全靠自己，他要借箭也要借东风，不是吗？

所以，今天找人借一步说话，问问在他们的高度上是不是有不同的想法呢？

☑今天，听听大家的意见。

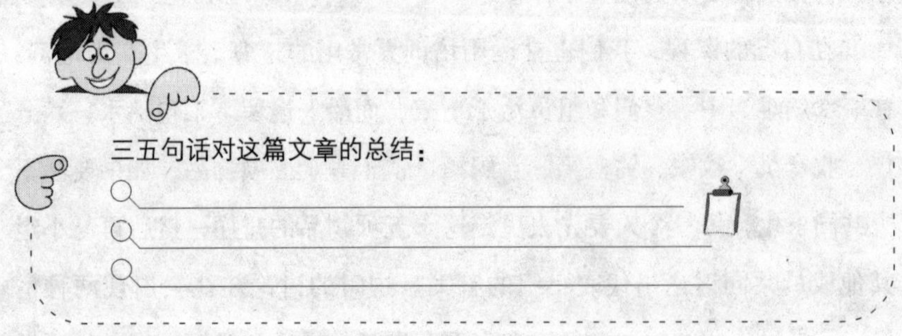

到工厂去跟基层工人学习

北京九歌天成彩色印刷有限公司　李岸

做事先做人。

而做人，很重要的一点就是不能斤斤计较，用我们北方人的话说，就是要大气。

最开始我并不是学印刷也不是做印刷这一行的，所以起初接触这一行的时候遇到了很多的阻力。当我想对它有更多更深入更专业的了解的时候，我就不会想到跟老板说，我加班你要给我多少待遇，我多做点事情你要给我多少回报。我就愿意在工厂里和工人打成一片，愿意让工人去多教我一些，去亲自学习机器的操作，去深入到每一个工艺环节学习。这段深入到工厂中跟工人学习的经历，对我后来和朋友一起创办印刷厂起到了很大的帮助。

古人遣词造句真的是太有道理了，你看“得失”和“舍得”两个词就是如此。当你去计较得失的时候，往往你先得到了，最后会失去更多，而你开始愿意去舍，最终你会得到更多。

多学习，多倾听大家的意见，这点在与人交往中真的很重要。过去在与人的交往中，我都是自己在“沟”，没有去听大家的反馈，结果发现往往都是有“沟”没有“通”。后来我就尝试去改变，和别人交流的时候，更多的是注重和对方的互动，去引导对方说出他们的看法和意见。你来我往的回合多了，交流更有效了。在我们公司里，特别注重营造一个沟通的环境，员工有什么意见，都可以很直接地跟老板反馈。员工愿意说出他们的意见，那是对公司的信任。提出的问题得到解决了，员工的满意度和忠诚度自然提高。我们公司从成立到现在，人只有来的没有走的。不管你信不信，这就是事实。

背景链接：

李岸，华企管理学院特约讲师；贝瑞德（国际）教育机构赢利人生财富俱乐部生活咨询顾问；《现金流》游戏教练；北京文新特纸业有限公司董事会成员；北京九歌天成彩色印刷有限公司董事会成员；重庆黄道婆纺织品有限公司董事会成员；美国商学院 Money &You 211 期学员；实践家商学院《创业系统》第 1 期学员。

今天，给自己10分钟接近梦想

梦想是穷人与富人都拥有的权利，每一个人从小到大都会对自己有所期待。那个梦想有些人在年纪大时就已随风而逝，可是有些人不论世事变迁，在心灵的某个角落里，都保有年轻时的梦想，然后等待时机、勇敢实践，成为自己想要成为的人，完成自己一生中想要完成的任务。

我相信你一定在媒体上看过许多勇于逐梦的真实故事。有的人放下了高薪的工作去乡下开了间民宿；有的人即使年岁已高、儿孙成群，但是仍然重新拾起课本，完成年轻时未完成的学业；也有些人不断地毛遂自荐、不断地参与试镜，希望成为演艺圈的一员。这些追梦的勇气都不是一天之内产生的，而是随着时间的累积，慢慢汇聚成一股强大的力量，它不是偶尔产生的奇想，真正的梦想是那些你特别有灵感的事情，你无须选择，而它会来提醒你、来挑逗你，让你想放也放不下，你会不知不觉地被引导到一条路上……

在电视上一位主持人正在访问一个年轻女孩，这位女孩在法国巴黎待了二个月，她用最经济的方式畅游在花都，这二个月间她和巴黎人一同生活、一样地逛市场、一样地徜徉塞纳河边。主持人问她为什么选择巴黎，而不是普罗旺斯或是意大利的威尼斯、翡冷翠？这女孩说她没有选择巴黎，而是在生活的时时刻刻，她常常感觉到巴黎的召唤，每次看到巴黎的图片时，她总觉得自己好像应该活在这张照片里一样，她能听到周围人说话的声音、能感觉到巴黎的风、看到拥吻的恋人、闻到街上浓浓的咖啡香。我相信，的确有种召唤的力量，它会提示你去完成它，人生才不会有遗憾。

在自己的演讲或训练中，我喜欢说故事甚于讲道理，故事说久了，我也想成为一个创作故事的人。我喜欢看电影，自己常常会在脑海中出现一些故事的情节，我常常会在脑子里用我的剧情来演戏，如果是武侠的故事，我还会想象自己戴着头套在刀光剑影中呐喊。这种奇特的念头我从小就有，年轻时还想当《倚天屠龙记》里的张无忌，只是现在年过四十了，能派我个杨道或宋远桥的角色就偷笑了，或者再过几十年，我再来减肥争取当个张三丰。

在我的脑海中至少有三个剧本大纲，它也在我的随身工作日志里，当我突发一个灵感时，我都会兴奋地记录下来，感觉又往"实践它"近了一步，这是对自己梦想负责任的态度，只要想到它会成真，它会被拍成一部作品，我会入围某一个影展，我会得奖，偷偷告诉你，我连上台致辞要感谢的话、要感谢的人都已想好了，而且在我脑海中已演练了好久，我相信那些此刻在笑我的人，会在那一刻给我最大的掌声。同样地，我也感应到一种无法抗拒的召唤力量。

无论如何都不要忘记自己的梦想，它不是要赚多少钱的数字问题，而是你希望自己完成哪些事才觉得不枉此生？看着那个梦想，别在意别人的眼光，每天前进一些，感受那个梦想实践时的欢愉，再难过的日子都会让你觉得有希望。

☑今天，用10分钟接近自己的梦想。

你梦想中的自己是什么样的?

○ ____________________

○ ____________________

○ ____________________

我太太曾经是个“韩剧迷”，她把自己追星的梦想投射到我的个人塑造上，导致我许多书上的封面照有了“裴勇俊”的色彩：仰天四十五度，咧嘴微笑，一定要露出大白牙。我的梦想却也是当个创演型演员，自编自演男主角，在戏里海阔天空出另一段际遇。对于做过电视节目主持、电台 DJ、开过千人讲演会的我来说，这和“爱秀出风头”已全无关系。它仅仅是个我需要完成——而因此不枉此生的事。

企业家的爱好

东莞东城厚成塑胶原料有限公司总经理　李实

离开自己的公司和工作，每个企业家都是普通人，也都有自己的生活和喜好。前不久我们还聊起，很多企业家的爱好是学习，通过参与课程提升自己并结识新的商业伙伴，这种爱好似乎和工作有着某种关联。还有一些企业家单纯地喜欢艺术，有些收藏艺术品，有些则直接参与到艺术创作中去。这些都是企业家角色的延续，有些是作为补充，有些则是调剂。

我以前非常喜欢玩吉他，上学的时候就是乐队的吉他手，毕业的时候，我们的乐队还搞了告别演唱会，一千朵玫瑰铺台，台下的观众大多是学弟学妹、老师、同学，还有赞助我们演唱会的朋友。我们在台上演奏的很多都是原创作品，因为那个年纪有激情也有时间，我们创作自己喜欢的东西。那场告别演唱会持续了 4 个多小时，我们是站着表演，台下的观众也都是站着，中间突然下起雨来，但我们都没有离开，很多观众也都没离开。终场的时候，我们抱在一起痛哭，据说那天台下很多观众也掉了眼泪。

后来因为工作的原因，能够做自己喜欢事情的机会就越来越少，不仅没有时间再跟同学聚会，没机会和当年乐队的伙伴一起表演，连我同样喜欢的玩自行车都慢慢放弃了。但是我家里一直都留着当年的吉他，偶尔有空也会拿出来，回味当年的感觉。

背景链接：

李实，多才多艺的年轻企业家，积极且富有创意的社会活动家，曾在BSE企业家商学院课程中提出绿色环保笔方案，摒除了普通圆珠笔对环境和人体的有害物质，得到专家广泛认可，并由相关部门开始着手推行。

今天，请思考成功的定义

我有很多称呼，有人叫我“郭副董事长”、“郭老师”、“郭总”、“Robert”，这些我还可以接受，可是主持人介绍我是“成功学大师”或是“名嘴”时，都让我觉得很不适应，因为我从小就是个内向害羞的人，一生中失败的事比成功的事多得太多，尤其是当我有荣幸回母校演讲时更让我汗颜，因为大多数的老师对我是没有印象的。虽然没有被退学，但是多次联考失利和补考重修的大学生涯，都让我觉得感伤。

有名有利就代表成功吗？这种说法实在太简单了，郭台铭是台湾最有钱的人，年轻人会视他为成功的典范，但是郭台铭真的觉得他是成功的吗？在夜深人静时，当他想起早逝的妻子和手足时，会不会有更大的遗憾呢？这样的成功是否代价太大了呢？这是你要的成功吗？

离开了学校教育才开始我拨云见日的时光，才开始在与人的互动上找到自己的优势。从一名苦干实干的员工到自己出来创业，我既像一个事业的合伙人，偶尔也能有“SOHO”族的独立，前者是公司业务的课程，后者是一位用心生活、努力写作的人，我很喜欢现在工作与生活的方式，记得吴淡如小姐曾经给成功下过定义：“按照自己的方式生活，按照自己的方式成功，才是真正的成功。”这种方式是最真实的，也是最超然的，我最喜欢这种诠释的方法。那真正的失败应是人生有太多的遗憾，有些人活了一辈子，干了一辈子，最后突然发现没有一件事是自己想做的，没有任何一天是真正属于自己的，即使这个人的企业总部有多宏伟、股票市值有多少亿，但那还不算是真正的成功，顶多是有成就罢了。

婚姻的幸福也是一样，结婚时男女双方对未来都有共同的憧憬，都在编织美好的生活，即使手头不宽裕，但是狭小的屋宇里有着互相扶持的誓约。但是随着时间变化，有了更大的房子、也赚了更多的钱、有了更好的社会地位，但是当时胼手胝足的温暖却不复存在，先生终日忙于事业、常常应酬晚归，可是做妻子的却宁可先生不要那么辛苦，希望有更多的时间留给家人，于是夫妻的认知与期待开始渐行渐远，最后有可能选择各奔东西，昔日的温情都变成回忆。

你是成功的先生或妻子吗？其中有一个关键是你们双方能不能拥有相近的理想生活？你能不能给对方想要的生活？而如果能给的不只是物质上也包括心灵上，那你不只是成功，更是幸福！

问问自己，你真的满意自己的生活吗？试着找回自己想过的生活，也给你所爱的人想过的生活，不论你是从事哪一个行业，无论赚钱的多少，你都是那些成功人士所羡慕的对象。

这个问题有些难又有些不难，但它足以让一个人产生改变的力量。

☑今天，重新思考成功的定义。

写下你会达成的成功的定义：

○

○

○

富中之富的人生是 Money&You 课程倡导的核心观念，四种人生态度你要选择哪一种呢？我的选择也就是我的另一本新书《当个有钱人，做个有情人》。

把简单的事做到最好

上海万众假日旅游有限公司　刘海南

我是从农村走出来的企业家，读完初中那会儿就离开了家到外面打拼。也许是太早离开家的缘故，家庭观念一直很淡漠。直到遇到我太太，才让我有了改变。结婚之后，她让我体会到真正的家庭温暖和幸福，我特别感谢她。现在只要工作不是忙得放不下，我中午都会和太太一起吃饭。这种家庭带给人安定感，让人能没有任何顾虑地投入到工作中，更加专心地去完成工作。

目前我在工作上算是小有一些成绩。但是，我现在的目标就是尽自己最大努力把企业做好，五年之后，退出自己现在的企业，去做一些自己喜欢做的事情。我很喜欢演讲，希望今后能成为实战销售方面的讲师。现在，已经开始在为实现这一目标做准备。每天早上起来，会坚持做三分钟的俯卧撑，然后再朗诵 20 到 30 分钟。这样已经坚持了三个多月，就连节假日也不曾间断过。做俯卧撑和朗诵，并不是什么难事，但贵在坚持。通过把简单的事情做到持之以恒，是对自己意志的一种磨炼。成功是什么呢，在我看来，成功就是把简单的事情重复做，并且做好。而失败呢，就是犯简单的错误。

现在也开始做一些演讲，但是总感觉自己的表现不太尽如人意。后来去请教一位大师，大师对我说：忘掉自己，把我变成你。这句话对我触动很大。在后来的演讲中，我不再去想自己表现如何，而是想听众最想听什么。这样做的结果是出乎自己意料的好。后来把这种换位思考的思想用在与人交往之中，也让自己受益匪浅。

背景链接：

假日之旅是海南航空国际旅行社在华东区域海南专线批发品牌，并借助强大航空票务优势和保质保量的地接支持，不断发展壮大。

以刘海南为代表的公司领导层，特别以重视服务质量提升和员工综合素质培养著称，经统计，2000 年 1 月到 2008 年 11 月，刘海南为骨干员工的学习深造自掏腰包，已投入近百万元。

今天，找个理由犒赏自己

我的工作还算活泼，因为常常在不同的城市面对不同的人群讲不同的题目，而且若是讲得不错，学员的互动很热烈，你也会从他们的反应中得到正面的回馈，这种特殊的工作形态，是我自觉保持心态年轻很重要的关键。

可是社会上大部分的人，其工作场合是稳定的、单调的，每天都埋首于成沓的公文当中，一旦工作三五年后，都会有枯竭之感。如果公司又没有安排员工的教育训练，适当地做润滑，那么我们要如何来保持工作中的高昂士气？不论外在变化如何，我们都要懂得学习犒赏自己，尤其是当你觉得自己做得不错，却没有获得主管适时肯定的时候。

身为老板是需要懂得激励员工的技巧的，不过我觉得也有为难之处。例如我曾经在会议中公开表扬一位我觉得表现不错的员工，原因是我交代的事情他都能贯彻执行，至少我看到的是如此，可是没有多久，有同人来找我，对我刚刚的表扬很不以为意，因为我表扬的人虽然很有执行力，但在请求其他单位配合时，却表现得过于强势，甚至对人恶言出口。其实在公司内部里，我对该人的肯定，是会遭到一半以上的同人执反对票的，员工们觉得那些不曾埋怨、默默工作的人，虽然其贡献比较不容易被老板看到，但是他们也一样需要得到肯定，甚至更应受到关注。

员工真诚的分享让我很欣慰，因为他们指出了我的盲点，老板们总是重视任务达成的速度与结果，总是赞赏他所看到的部分，却不知在过程中已让团队千疮百孔，让许多员工暗自垂泪，叹息老板识人不明、处事不公，甚至这些人会因此心灰意冷，心想干脆另觅出路算了。然而老板毕竟是没有办法随时看到员工的表现及彼此相处的气氛，尤其是当公司人数多时，他一定会有所疏漏。因此当老板无心忽略了你，你又不善于到老板面前邀功时，你就要学习自己拍拍自己的肩膀，告诉自己干得不错。

犒赏自己的理由，也不一定是历经辛苦终于达到业绩目标的伟大，它可能只是今天老板没有要求你留下来加班，或是在电话中听到客户很满意公司的产品与服务，可能是今天搭捷运转公交车很顺没有耽误到时间，可能是老公今天晚上加班、做妻子的可以好好地在外面吃一顿晚餐、租一部好的电影回家看……对自己好一些，多爱自己一点，随时在心中保持微笑。

犒赏自己也不需要花太多钱，我不反对买件名牌的衣服或包包，或买一款新手机当做犒赏自己的方法，但是那毕竟不会是常态，我倾向的是立即性、又带些特殊好玩性的。例如买一包零食或卤味回家啃，或是中午用餐时特别给自己加菜，要不穿一件新衣服上班、戴一副漂亮的耳环，再不去诚品书店逛逛，能够让自己轻松的方法，其实自己都知道，你必须要懂得利用它，那么那些不为人知的辛苦也会得到舒解。

你今天过得好吗？试着随便找一个理由来肯定自己，给自己一个小小的鼓励，给明天一个大大的期待。

☑ 今天，找个理由犒赏自己。

三五句话对这篇文章的总结：

○

○

○

今天，我要好好犒赏自己：

○

○

○

每日必行二三事

众成证券西安分公司总经理　孟林

每天有二十四小时。在二十四小时里，我就有三个必行习惯。

每天睁开眼第一件事，我就会把前一天做好的事情，在列表上打个钩。再把下一天该做的事情列在便签条上，贴在电脑屏幕上。

下午三点钟，我一定要去游泳，风雨无阻，下雪天也照常进行。游泳时间或长或短，按当天工作安排决定。

下午四点半，我会跟身在异地的太太通个电话，给在寄宿学校的儿子发发信息。这个习惯，是从山东老家调到西安工作后才有的，无论多忙，也要保持和家里的联络，让他们觉得我天天都在他们身边。

对我自己来说，我还有个维持很多年的个人习惯。固定一周，最多十天，我就会自己出去走走，挑个非常干净、非常有品位的饭店，点自己喜欢的菜。进行这事，对我平时忙碌的生活来说，多少有点“仪式感”的味道。每隔一段时间，我自个儿就会想：该让自己吃顿好的啦。

然后就走出去找饭店。

也许，我就是在找一个单独的、与工作环境暂时隔绝的、让我感觉舒适的环境。在等待饭菜上桌的时候，我会掏出本子，很安静地给自己写点东西。想到哪儿写到哪儿。归根到底，吃什么是无所谓的。但这个小习惯，让我感觉善待了自己。

背景链接：

众成证券经纪有限公司系由山东、河南、湖南、西安、沈阳五大证券交易中心改组筹建的全国性证券公司。高层领导班子从事金融、证券工作多年，均获证监会高管人员任职资格，其网上交易资格已获中国证监会核准。孟林作为公司重要领导人，面对全球金融危机局势，始终保持冷静客观的判断和谨慎从容的态度，为行业树立了典范。

今天，主动和同事打招呼

有一天进公司时，因为有心事，所以脸色很凝重，一个人谁也没搭理地走到自己的办公室，除非上洗手间，我几乎都在自己的办公桌上处理事情，在外面的同事发现老板的情绪不太对，也不来烦我，那些常常与我分享大事小事的员工突然都消失了，我的沉默也让外面笼罩在低气压中，以前惯有的笑声都装进了无形的黑盒子。直到中午，一位女同事问我要不要顺便买便当回来，也细心地提醒我脸臭臭的，不大像平常的我，我挤出一丝微笑告诉她真的有一些事让我心烦，又不自禁地叹了一口气。不久便当买回来了，这位同事还特别买了一杯珍珠奶茶请我。有些讶异，也有些窝心，我笑了，不过这次笑得比较真实！

一边吃便当，我思考着一位领导者的情绪给团队造成的影响。如果我早上进公司时是挂着微笑的，是主动和大家打招呼的，会不会带给同人们不同的感觉？会不会感染一些愉悦的心情？然后他们也能够对客户产生正面的影响，进而信任我们。趁着丢便当盒之际，我主动去询问同人近来的工作状况，站在他们的办公桌旁，我试着恢复以前的关怀，然后事情有了微妙的变化，现场的气氛不一样了，大家开始主动协调工作中要配合的部分、要讨论的事情，同人也主动到我的办公室来，虽然让我烦恼的事情依旧存在，但至少这个发现与改变，让我觉得有收获。

不论你是老板或员工，当一天的工作开始前，你都可以很有元气地和大家道声早安，从电梯出来的那一刻，你的笑容将是激励彼此的维他命，当彼此都充满着关怀与祝福时，我相信每一个员工都会热爱这个工作环境，这也是每个老板乐于见到的。

后来我在演讲时讲到这个经验，我也建议上班族能建立这个习惯，不过下课时有一位企业老总来找我，他说很赞同我的看法，但是他是一个不太会笑的人，也自觉和员工的距离不是很近，尤其是因为公务常常出差，他希望我给他些意见。我告诉他笑是一种脸部运动，可以把它当做是我们平常的健身操，健身操只要多练就会了，而且人们很少哭丧着脸打招呼，当你先主动打招呼时就可以牵动脸部的肌肉；如果常常出差，不论国内国外，你都可以带些当地的名产回来，当大家在工作之余品尝时，他们也都会感受到总经理的人情味，他们会对你说声谢谢，而那一刻你的笑容也会产生。所以一个成功的领导者，不只是会做事，更要懂得善用情绪去营造好的环境，一个乐在工作的环境。

准备好了吗？请绽放你的笑容吧！

☑ 今天，主动和大家打招呼。

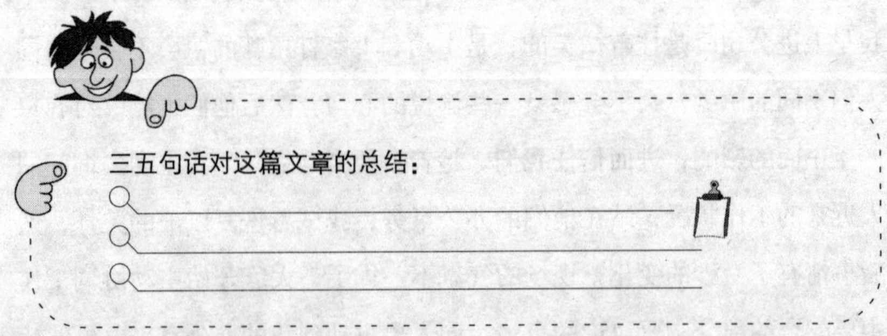

脾气好 心情好 工作好

重庆新星南娱乐有限公司董事长 陈钢

以前，我脾气很不好，这个给我和员工之间的交流带来了一些障碍。后来也意识到这样很不好，于是自己会比较有意识地去通过学习和自我控制来慢慢调整脾气。

脾气缓和之后，发现很多事情反而比以前顺利了，用一颗宽容的心去看待他人的时候，总能看到积极的一面，自然就没有那么多让人想发脾气的点了。

有一次，公司要招一个高管。进行了一些常规的面试之后，剩下了几个候选人。我就在想，剩下的能不能进行一个比较好的又有效有创意的方法选出自己最后想要的人呢？后来，我就让那几个人和我一起出去旅游。在旅游的那几天，我很随和地同他们相处，也不提工作的事情，就是简单自然地做一些交流，完全没有老板的架子。对方会在一种很轻松自然地环境中流露出他们最真实的为人处世的态度，展现性格中最为本质的一面。后来，我就是通过这趟特殊的旅行，招到了我最想要的人。我想，要是向往常一样，脾气暴躁地和他们很严肃地去交流，一定不能看到他们人性中最真实的一面，那么我也就无法作出最准确的判断了。

走进公司的那一刻，主动和同事打个招呼，把好的情绪传递给他们，大家又开始了崭新的一天。脾气好，心情好，工作好，我真的信了。

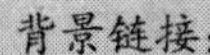

背景链接：

新星南量贩式KTV成立近10年，已发展成为四川及西南地区最有影响力的“城市文化娱乐地标式”品牌。陈钢本人也因富有创见、积极向上，成为四川城市文化影响人物，为积极引导青年人健康的娱乐方式作出了贡献。

今天，不出任何怨言

有一位老师让学生做个实验，他要求学生在24小时内不出任何怨言，这是一个很容易了解规则但却不容易完成的功课。于是学生们开始抱怨，只是老师仍要求实验的进行，即使学生们已经开始抱怨，也至少要统计出来在一天之内到底抱怨了几回？结果没有任何一个人能够做到没有抱怨。我在想学生的生活环境轻松、社会压力轻松，他们都做不到，那么在社会里打拼、在江湖中行走的我们恐怕更难了。

我的女儿在幸福的环境下长大，从小就得到很多人的疼爱，她们所拥有的故事书、漫画、甚至流行的娱乐设施、衣服等等，都超过她们父母的那一代，可是我却觉得她们没有像我们那个年代容易满足，反而因为拥有的东西多了、容易了，人更不快乐了，更不懂得知福惜福了。

朋友传来一则网络故事，作者是余蒨如小姐，故事内容是一位在美国工作的女士有很好的待遇，再加上单身，日子过得很逍遥，不过当接到消息，知道在台湾的母亲罹患脑瘤时，立刻请调回台湾，找了房子，把母亲接到身边就近照顾。

这位女士上有姐姐、下有弟弟，但只有她放弃了原先的生活，承担照顾母亲的所有责任，而姐姐只是偶尔拿一点孝亲费回来，对母亲的状况也没有太多的询问。即使许多友人都很为她打抱不平，觉得其他亲人也应该分担照顾母亲的责任，而这位孝顺的女儿总是优雅地说：“照顾妈妈是我的福气！”因为有这样的想法，所以她很有耐心地让母亲得到最好的关怀，看到女儿的用心，做母亲的也不愿辜负女儿，所以病况一天一天地好转。

这位女士没有花时间在抱怨上，把所遭遇的事情都当做是难得的福气，虽然有些阿 Q，但却是转念的智慧，也许这样的态度会让我们发现，其实世上所有事情的发生都是有意义的，都含有一些启示。

所以不要埋怨父母亲老是不和，因为那是你的福气，让你懂得要好好珍惜难得的婚姻；不要埋怨孩子不懂事，因为能够学习到耐心也是一种福气；在办公室里你更要觉得有福气，那代表你没有失业，你有健康的身体，能够服务更多的人。做一个老板，我们真的不太欣赏那些抱怨连连的员工，我们真的搞不懂，既然觉得公司薪水太低、制度变来变去、组织分工不明确，那么为什么不干脆离开算了呢？可是这种人却又死赖着不走。其实那些喜欢埋怨的人大多数是情绪的发泄，或是透过埋怨来道长短。只是如果能少一些抱怨、多一些建议的话，我们对这个员工会有更多的感谢的。

抱怨并不会让问题解决，有时还会让自己的处境更加的危险，所以少一些抱怨就会多一些福气。记得今天多一些微笑与包容，你就会有福气啦！

☑今天，不出任何怨言。

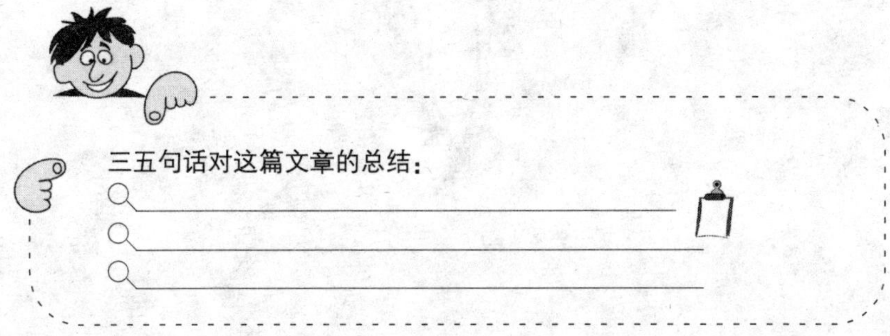

高调做事，低调做人

杭州野麦服饰有限公司总经理　万海华

我是一个特别执著的人，认准了目标就一定会朝着那个目标全力以赴。在我看来，要想成功，明确自己的目标是第一步，是谈后面所有一切的基本。方法有很多种，但目标只有一个。那些总在怀疑自己怀疑自己方向的人，怎么可能把自己的精力投入到不确定的事情上去?

“高调做事，低调做人”，我常拿这句话来勉励自己。在与他人相处的时候，我习惯把自己的姿态放低，我喜欢去倾听他人，去发现他人身上的闪光点，我相信即使对方不如你位高权重，事业上没有你成功，但总有你可以学习的地方。

“低调做人”的另一个表现就是不要去抱怨。遇到问题的时候，我习惯首先去反省自己而不是去埋怨他人。很多时候，问题的产生是因为自己的工作没做到位造成的。所以当你想去埋怨他人的时候，要先冷静下来想想，自己到底做了些什么。

埋怨不能解决任何问题。与其花时间浪费在埋怨上，不如赶紧找到问题的症结所在，然后赶紧去想办法解决，这样才能避免更大的损失。而事实上，一个习惯从自身找原因，通过干实事去解决问题的人，往往能赢得他人的尊重，也不会受到别人的埋怨。

背景链接：

“野麦”服饰是美国 C&H Trading.L.LC 授权于杭州野麦服饰有限公司经营、管理、生产的时装休闲品牌。“野麦”品牌面料主要以棉、麻等天然面料为主，强调健康、舒适，这是总经理万海华“高调做事、低调做人”作风在商业中的体现。

今天，与家人沟通一些想法

现代家庭能聚在一起的时间实在太少了，尤其是孩子随着年龄增大，学业的压力和社交圈的扩大，父母即便知道要成为孩子的朋友，但有时真觉得心有余而力不足，做大人的真的很少能每天朝九晚五规律生活，回到家的时间几乎都要七点左右，这时孩子可能在补习班或是学才艺，即使难得有机会都在家，可以一起用餐，那张上万的餐桌却很少有人坐，反而像是吃自助餐的餐柗，挟好了菜不是跑去看电视，就是回到网络世界里。

有一次去一位朋友家做客，我很欣赏他家的摆设，有着浓浓的中国风，尤其是通往阳台的门的图形，从那望出去是台北市近郊的山峦，朋友说晚上如果有月亮，他会沏一壶茶，坐在阳台的古董椅子上静静地欣赏台北市的夜景，朋友的妻子会弹古筝，这时弦音伴着山居的静谧，那种悠闲像是一首诗。

朋友也有一对念小学的子女，偶尔会加入我与朋友讨论的话题，只是让我吃惊的是，友人的孩子不太像同年龄的孩子，他的观点让我这个大人讶异，在观察事物的深度以及懂得用不同的角度来看事情，而且说话时不会不好意思，我很纳闷这是孩子的天赋还是朋友有特殊的教育方法。

朋友说他只是很习惯听孩子的意见，也会主动问孩子对事情的想法，可能只是报纸的一则新闻，他们就可以由浅入深的发现新闻背后的事情，对事情的看法不只是一个点，而可以到广泛的面。朋友拿起了桌下的一份国语日报，问我："你看这是什么？"我说："这我念小学时就有订阅，我也为我的女儿订，不过女儿们常常忘记看，送来的报纸都没打开过又收到回收的抽屉。"朋友笑着说，他们家不只孩子看，连他自己也会看，会看孩子今天读过哪些文章？知道哪些新闻？他会用孩子所知道的内容为基础来讨论，也许在吃晚餐的时候，或是一起看月光的时候。

朋友的分享让我突然懂了，因为我太"严肃"地想去和孩子做朋友，而希望她们正经地听我的问题、回答我的问题，我忘记了孩子最愿意和我沟通、最兴奋与我聊的是她们现在最欣赏的日本偶像团体，她们会把所搜集的照片全拿出来给我看，然后告诉我每一个人的身家背景。这种体会提醒我的是，在家庭沟通的话题上要有趣，而且要站在同样的高度，你是没有办法和没看过哈利·波特电影的人来谈电影里的精彩情节，就像你的孩子不会懂得到底蒋介石对台湾是好还是不好？

家人间的情感和彼此沟通的质量有关，你可以与另一半聊社会国家大事或影剧八卦，但也不要忘了拿起国语日报看看，和孩子聊聊报上的消息和充满童趣的文章。

☑今天，与家人沟通一些想法。

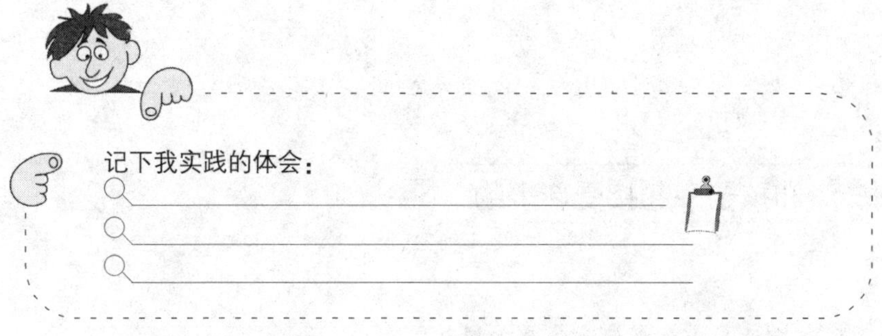

带我的双胞胎女儿、我太太和我三位姐姐到花莲太鲁阁玩。拍照时，我们彼此约定："一起做个'小孩子'的动作吧！"快门按动，大人们都high起来，其中最乖最本分的反倒是我的女儿们。这着实是件有趣的事：对四五十岁的我们来说，做"小孩子"的动作等同于夸张和戏谑，而对十来岁的女儿来说，这个要求只等同于——做自己。

和孩子一起接受新事物

济南章丘市仁爱医院院长　刘昌坡

回想起来，我和儿子沟通过程的一着妙棋，是为他报名参加了实践家 BSE 培训。在此之前，我刚接受了同样课程的培训。不同的是，我四十八岁，他十八岁。

我指的不是你要让孩子接受多少培训，而是你要和孩子一起接受新事物，享受和他一起迎接新信息的过程。在这个过程中，你们会产生很多共同话题，有了新的沟通平台，比如一起上过 BSE 培训、一起到过北京看奥运。父子同闯真实的社会，和那种一回家孩子上网、家长打电话看电视的生活方式是很不同的。

除了注重和家人沟通想法的方式，我也注意给自己的人生一个单独的留白。我喜欢独个去旅行，天马行空。躺在撒哈拉沙漠里数星星，或到塔克拉玛牧人家喝酒。当时当地，人显得如此渺小。我喜欢在那种心境下，用一颗大自然赋予的广大的心重新思考事业和人生。

尽力用好习惯来经营自己的人生，是因为我给自己定下值得挑战的目标。五年内，我们要打造中国民营医院集团的强势品牌。十年内我们要做到中国民营医院集团的第一品牌。我生命里所有的力量，都会成为这个目标的原动力。

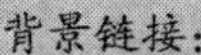

背景链接：

章丘市仁爱医院是“国家中医药管理局临床示范基地”，多年被评为“全国十佳专科医院”。刘昌坡作为章丘市仁爱医院院长，主张医德与医术并重而广受尊重，他也是中国民营医院品牌打造的倡导者和先行者。

今天，与一位老朋友联络联络

我们一生中可能会与上万个以上的朋友相逢，但是在同一时间里，与我们比较有联系或较密切的大概只有250个，每个人的名片簿或手机里储存的名单都可能超过这个数字，可是真的每年有打过一次电话的恐怕不到三分之一，真的要打电话大概也是有事相托。每个人其实对一些老的同学、同事、邻居、朋友都有一段挂念，我们在见面时都会提醒对方要常常保持联络，但忙碌的现实生活老是没有办法让我们将这事列为重要事项。

我是一个很念旧的人，常常会打听一些老朋友的下落，其中一个有效的方法是在网络上的“搜寻”打入这个人的名字。例如我打入了“郑永庆”，他是我在金门服役时候的连长，在过滤各笔资料后，看到有一笔是屏东县政府的资料，上面有这个名字，我觉得那就是我要找的人，因为连长是屏东人，而军人退伍后考试转任公家机关的很多。我立即打电话到县政府，在我表明期待后，对方给了我连长的手机，而我心跳加速地拨通了电话，连长声音依旧，而且连长还记得那段共事的时光。后来我到高雄演讲时，特别搭火车到屏东，连长来接我到家里吃饭。不久我们还找到了副连长、排长、士官长等十多位在台北聚会，在退伍快二十年后还能相约再聚，真的不容易，我把照片放在我的部落格里，也希望能召回更多的弟兄，有一天我们能继续在连集合场集合，在“我爱中华”的歌声中恭请连长点名训话。当我想象着那样的场景时，竟然眼泪滴落了下来……

在那次寻人的过程中，我也很希望找到连上的辅导长“许棋信”，只是在网络上没有查到数据，后来在去退辅会洽谈一些业务合作案子时，我向长官们提出了请求。长官很热心地打印出辅导长的电话及地址，很可惜电话已不对。因为地址是台北市基隆路二段，我就决定利用周末亲访，只是电铃没有响应，只好在旁边的咖啡馆点了一杯饮料，随时注意大门进出的人，很可惜等了一下午没有成功。虽然有些失望，但是我的心情却有些兴奋，因为至少有了线索，总有一天我会完成任务的。

年纪越大时，越觉得老朋友的可贵，越觉得老朋友的真实。你可以在今天工作的间隔中，或是你希望工作心情要做个转换时，从你的手机通讯簿中选择一个老朋友拨打出去，如果电话通了，对方能直接喊出你的名字，代表你在他心目中还蛮重要的，因为至少他有将你放入通讯簿里，聊聊近况吧，也问候一下彼此的家人。

如果你也想找一些失联的朋友，可以试试网络的方法，你以为很遥远的朋友其实可能就在隔壁大楼上班，若找到了要把它列为今年很重要的大事。我希望有人会在看完这一篇文字，打开计算机，沉思一阵子之后，也键入了你的名字。

☑今天，与一位老朋友联络联络。

我的发现：

有次在课堂上，我把这些想法和学员分享，后来有个学员打电话跟我说："老师，我尝试搜索朋友的名字、自己的名字，结果有很多surprise!"如果有兴趣你可以试一下，搜索某个同学的名字，看看你发现了什么。

我会给心情换频道

葫芦岛市瓜尔佳实业有限公司董事长　关宏伟

我有一个特殊的爱好，就是喜欢收集笔。只要看到好看的好玩的特别的笔，我就忍不住要买下来。有时候老公爱打趣我，说你字写得也不好，买那么多笔干吗？尽管如此我还是爱收集，有空的时候把那些各种各样的笔拿出来摆弄摆弄，也是一种乐趣。因为爱收集笔，也连带的收集了很多笔袋，现在我的包包里还总是会放一两个笔袋，装两支最新淘到的笔。在收集这些的过程当中，会让人重温做学生时候的单纯美好感觉，会让人暂时忘记很多纷繁杂扰。

有时候压力特别大，感觉自己坚持不下去的时候，我就在想，把自己弄得那么累是何苦呢？那个时候，我就把脆弱的自己关在家，埋头痛痛快快地看两天电视剧。别误会，像我这个阶段可对那些风靡的偶像剧不感兴趣，我会看看《长征》这样的片子。看完之后，勇气力量就又来了，别人那多苦呀，我所经历的那些算什么呢？

也有不想一个人待在家里的时候，就会约上几个好朋友，一起出去吃吃饭，唱唱歌，不痛快的事情很快就会在朋友们的谈天说地中消散。有一些好的朋友并不在身边，吃饭唱歌他们不能一起参加。但是，还是会想到他们，怀念那些促膝长谈几个小时的静谧时光。其实谈什么真的不重要，重要的是交谈的那个过程让你体会到有人懂你的那种幸福。

还好，有电话有网络。特别想念的时候，一个电话，一个简单的问候，就可以让往日温情重暖心房。

背景链接：

葫芦岛市瓜尔佳实业有限公司，成立于1999年，是以传播东北民俗文化、东北绿色美食为主体的特色餐饮公司，以旗下分公司北国之村民俗风情酒楼作为东北菜代表，风靡全国。董事长关宏伟兼任葫芦岛市企业家协会副会长、华人企业家爱心联盟成员，近年来多次组织东北地区企业家爱心活动，并承办“卓越团队、爱心管理”课程。

今天，先规划好再行动

每个人想做的事情与实际做的事情实在差得很远，想总是比较容易。我的一位好朋友也想写书，可是想了很久，一篇文章也没下文，可是我一路走来写了二十多本；有些人想要学英文、学游泳、学瑜伽，说得很大声，但是一件事都没有起头；有更多的人想要去一个梦想中的国度，想去品尝一间知名餐厅的厨师手艺，却也总是雷声大、雨点小。

有一些事情是我一定规划好的部分，有一些是随遇而安的。例如每年在台湾及大陆有三本书的出版量是持续的自我要求，所以我会先规划好要写的内容，然后去调整自己的时间分配，去完成这最重要的事情；我也会安排自己的旅行时间，去年我去了安徽及江西看了当地一些古村落，这是既定的目标，而在今年我预计会去云南、贵州两个星期自助旅行，时间安排在春暖花开的三月，那时可以看到元阳的梯田，还有罗平满地的金黄的油菜花。这些都是全世界摄影师热衷拍照的地方，而我的眼睛就是我的照相机，每年我都会存一些美丽的景象在脑海里；而演讲及训练就按各地开课的行程走，当然有些演讲是临时的，如果时间安排得出来、自己也觉得有趣，我也会排到行程内。而控制我的就是每个月的工作日志。

我会规划一年或一个月的行程，也会将一天的事情先做好规划。规划的好处是一个人较有方向性，就像船只在海上知道它要航向哪一个港口一样；另一个好处是你比较容易知道事情的轻重缓急，而不会忽略掉一些重要的事情。一件未实时处理的事情，当我们事后来补强时，往往必须要花三倍以上的时间才能完成，如果那是老板或主管交代的事情，他们恐怕还须在以后再确认你的工作内容，我想他们也会对你的印象及工作能力大打折扣。

我公司有一个部门每天早上都要开早会，早会的目的除了最基本的要求出席之外，每一个人都要报告今天要完成的工作项目，也要回报昨天工作的情形。这种会议会产生的压力是：有些人会报告得很翔实，有些人却轻描淡写带过，这时后者就会努力去想是否有些事自己疏漏了，而想办法多说一些，不让别人以为好像工作很轻松。因为有规划再行动，我们就不会像无头的苍蝇，东碰一下、西碰一下，感觉做了很多事，却没一件事像样的完成。

有了规划我们就会有进度，你会感受到进度落后的压力感，也会享受进度超前的成就感。不过光有规划是不够的，你还是要确实地将要做的事落实在每日（每周、每月、每年）的时间表里。因为有规划，你才可以给自己打钩，而在设定的时间内达成自己的目标，就是对人生最好的激励！因此你需要的不只是工作的规划，更需要休闲、家庭、人际、学习等等的规划，即使假日也需要规划，人生都有一个你想去的地方，你不能光想，要勇敢地踏出那一步，而规划就会告诉你正确的方向。

☑今天，先规划好再行动。

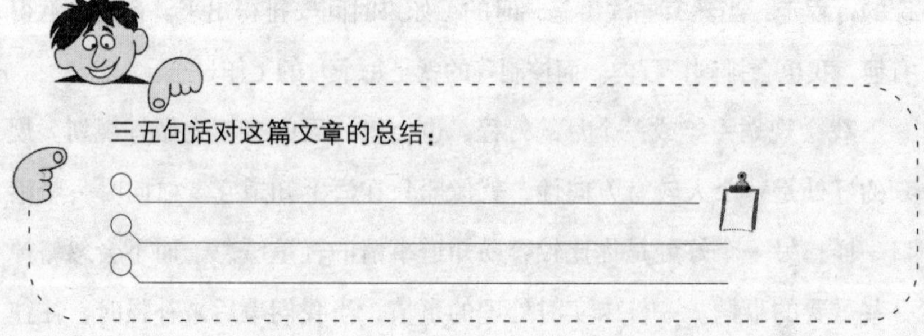

这些就是我的“旅行伴侣”：“她”在陌生人用怀疑的眼光看我时，率先证明我44岁、出生台湾的身份；在我羁绊旅途时碎碎念归期已至；还善于为我筹划从漫长的飞行里留下痕迹与稍后的利益——“她”就是我的各种证件、各航空公司里程卡和各地的优惠卡。虽然在独自旅行中，携带“她”是件麻烦的事。但还是怀着“不可幸免”的心情带好“她”吧。“她”会提醒你正确的方向。

多做人生的策划方案

大连华明伟业电子有限公司总经理　刘姝彤

可能因为工作原因，事情多的时候要求自己做好计划和安排，所以这种习惯慢慢演变，逐渐即便在生活中，也喜欢规划好再行动。

生活小事上也有章可循。比如，我不忙的时候会给自己和家人做饭。如果是自己，当然会很简单，煮点白粥，做两个小菜。但是要去看父母的时候，就要事先想好，跟他们先打电话询问想吃些什么，再提前买好带过去，买菜的时候也会注意，因为早晨的鱼和青菜都比中午和晚上新鲜，还有就是营养的搭配、菜品的选择。到了家之后，做菜也会事先想好，先做什么，再做什么，或者哪些可以同步做。

重要的人生选择，要做SWOT分析。我喜欢画画，但是这些年工作上的接触都是和美术、设计不相关的人，慢慢就没有太多机会与人交流。但我工作一旦不很忙的时候，就会到会展中心看艺术展，或者去其他城市看画展。这两年也在计划，以后去杭州、成都这些土壤比较好的城市，找一些爱好相同、相近的人交流。还有个爱好是运动，作为一名大连女孩，我从小热爱足球，以前还是学校里的足球队员，只是大学以后，再也没机会踢球了。但是，我仍然很喜欢看球，大连这边凡是主场，我都会去看。这些事情也许并不能像工作那样带给我直接收益，但它们能带给我无法取代的快乐，我会加重考虑的砝码，做并且愿意花代价去做。

背景链接：

大连华明伟业电子有限公司是一家以提供专业IT服务系统集成、IT战略咨询于一体的高新技术企业，以世界三大品牌HP、DELL、三星系列为主打产品。总经理刘姝彤在坚持产品和技术创新的同时，更为行业树立了文化创新和管理的标杆，被称为“IT女强人”。

今天，让音乐陪伴你一会儿

有人说我的声音低沉，很有磁性，很适合晚上主持广播节目。不过当有人说我唱歌一定很好听时，就碰到了我的痛处，因为我的声音是平的，没有高低音，而且音感很差，同事们约去唱KTV，我都敬谢不敏。当我听到别人拿起麦克风可以陶醉在歌声中时，我总是羡慕不已，心想如果有一天，我也能抓住麦克风不放（唱歌而不是演讲）该有多好。

每个男生在初中时都会经历变声的阶段，那时我的状况很糟糕，还被老师批评过声音像鸭子的脖子被踩到，后来父亲带我去荣总接受语言矫治，我的疗法是重新学习发音，而处方是不用吃药、但需要自己对着录音机录下医生开给我的字音，好像又回到了小学生念“ㄅㄆㄇㄈ”的时代，然后就变成了现在的声音。我不知道现在无法唱歌是不是当时的影响，所以当有人说我在有声书里的声音很好听的时候，我有欢喜，也有遗憾！

虽然五音不全，但是有着浪漫情怀的人总是会在歌声中寻找情感的乌托邦。我喜欢在看书或做功课时听收音机或音乐，我喜欢房间里有自己喜欢的乐音，即使我不会唱、不会弹奏，但每一首歌都让我不孤单，音乐可以让我想象，也治疗不为人知的情伤。现在在社会上工作，听收音机的习惯没有变，在办公室里我用网络听收音机，在写作时我也会享受可以让我沉静的音乐，走在路上或搭公交车时，我会听手机里储存的MP3音乐，每天我都会让音乐陪我一阵子。

内人有一次很生气地质疑我为什么出门时不把音响关掉。她说我这个人做事情不细心，其实她不知，我很喜欢当我一进门时有音乐的声音，就如同有家人在迎接你一样。

人生在不同阶段都会喜欢不同的歌曲，有一位五年级朋友的手机铃声是黄大城早期的民歌《今山古道》，每次我一听到就想起大学办活动叫学员起床的情境，而人也振奋了起来；女儿从小学钢琴，当我在家里听到她弹起《今宵多珍重》时，我的心像被深情抚慰过一样；当我在福州出差时，我还从下榻的酒店走一段路到附近的香格里拉酒店，因为那儿的大堂酒吧每天都有乐团驻唱，歌者来自菲律宾，一个人静静地享受如天籁般的声音，我觉得那一刻我是世界上最幸福的人。

你也可以让音乐陪伴你一段时光，像是早上起床后将收音机打开，锁定一些专业的音乐台，你也可以在车上或路上选择你喜欢的音乐种类，或是将手机铃声变成对你有特殊意义的旋律，让你当铃声响起时，都有一种惊喜。

人创作了音乐，而音乐无国界地成为一种文化，它给了我们感情，也给了我们安顿的所在。在电影《不能说的秘密》里，饰演周杰伦父亲的黄秋生喜欢音乐，也希望孩子多多听音乐，他告诫周杰伦：“不听音乐的就是坏人！”我想也没有这么严重，但是人一生是需要一个知音的，不过知音难寻，而为一首歌曲感动也算是个知音了。

希望在路途中，都有音乐相伴。

☑今天，让音乐陪伴你一会儿。

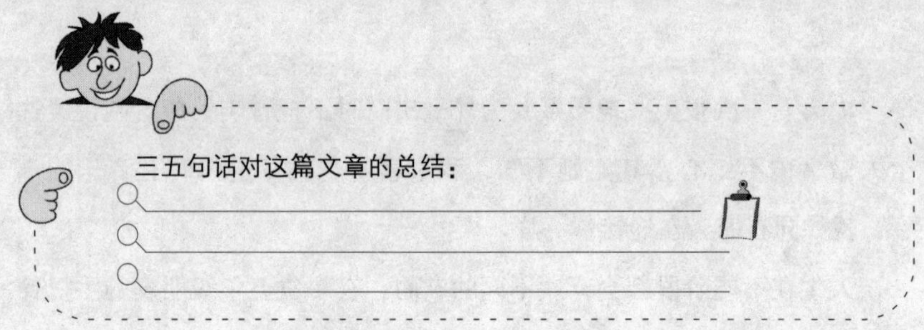

在Money&You课堂上我也满足了一下自己，虽然是假唱。我希望我的课堂就是有那种温暖的感觉，有一首歌在你心里低吟浅唱。

梦想与音乐在一起

济南路通宇物流有限公司总经理　李昌伟

我想，如果让我的员工和客户描述他们所知道的“李昌伟之最好习惯”，他们说的肯定是：守时。我做事业非常守时，也尊敬守时的人。我认为，守时是双方合作的一个信任基础。不守时会让项目、让预先计划出现很大的偏差。

但我个人认为自己最好的习惯却是热爱古典音乐。怎么说呢，这算是深入我骨髓里的东西吧。工作遇到瓶颈、或者累了，甚至每每下班后，我都把自己独个关在办公室里，听一会音乐，边做做运动，或者什么也不做，就沉浸在音乐里。

前几年看《无间道》，男主角闭着眼独自在封闭的房间里听蔡琴。嗬，想起来我也有那么点文艺青年的影子。何况我听的是古典音乐——当然，这是玩笑话。我是真喜欢音乐。有时候外国交响乐团来了，却因为出差或者公务忙，错过现场聆听的机会，那时我就会想，我为什么要那么忙？——只有音乐会让我对现状产生那么点质疑。

我曾经做过七八年大学老师，这可能是现在延续着这些“文艺习惯”的原因吧。我固执地觉得，保持这些习惯会把我的下半生引到另一条路、另一个梦想那去：比如说，十年后，结束事业，组个乐队，一路唱歌，沿溪行，忘路之远近，到大山里教孩子们唱歌，并告诉他们：将来要做自己想做的事。

背景链接：

路通宇物流是济南物流行业的领先企业，在激烈的市场竞争中迅速发展壮大，并以质优价平迅速占领市场。总经理李昌伟自身的文化修为，是使企业成为物流行业人文品牌的一个最重要因素。

今天，完整读完一份报纸

帮台积电上创新的课程至少有八九年的时间了，这个课程和一般创意的课程设计不同，因为我不谈创意产生的手法，而谈先如何让生活有创意，进而把生活中获得创意的喜悦带到工作环境中。因为我一直认为创意不是个学问，它是一个人生活的态度，我们必须要能在生活中做一些改变，我们才能跳出那个无形的框框。因为课程内容有趣且真实，几乎都贴近生活在走，这对科技人而言，反而能让左脑稍微放松一些。课程的承办人还告诉我，这个课程的员工满意度破了台积电历年来的纪录。

我的工作内容和科学园区里的同人最大的不同是，我每天面对的人与行业都不一样，而我自己也尝试体验不同的人生，所以我当老板、演说者、作家、演舞台剧、学编剧、主持广播节目、上电视当评委。我与各行各业的人都会打交道，所以有很多生活经验的刺激，而园区同人如果自己不主动学习，他们每天所面对的人的特质及处理的问题几乎都一样，当团队成员彼此同构性太高时，是很难激荡出火花的。

那么我们有没有方法去突破这种环境的限制，就像我们有根天线可以接收到不同的信息呢？我的建议是改变你在生活中读报的方式。记得有一次要出国近一个星期，为了怕无聊，我特地买了一份《苹果日报》放在行李箱内，至少在每天早上上厕所时有台湾的报纸可以看，而苹果的张数多，可以看得比较久。一切都很美好地按计划进行，只是没料到该报的特色是图片多于文字，习惯看的内容两天就看完了，后面几天我只好重新看、并且“仔细”地看，还看过去从来不看的一些专栏。这时我才发现读报是一个可以培养新思维的方法，就像一个人离开了久居的城市，对外在世界有着无比好奇。

其实你我都一样，一份早报可能不到五分钟就看完了，因为我们都会优先选择我们惯于接收的信息，像父亲一定是先看头版及二三版的政治新闻，我非常佩服父亲每天都看社论，写得好时他还会要求我看，内人和女儿则先看影剧版，内人对蓝绿和社会新闻向来不感兴趣，偶尔会看副刊文章。而那次在国外，为了打发时间，我只好压着性子去阅读各个版面，因此一份报纸里的理性与感性，你都要走一遍，最后连社论、未来股市分析、副刊的小说到读者投书全都看了，当你读完这些内容后，你等于周围多了政治人物、多了理财专家，尤其是读者投书的部分，同样的问题却有着不同角度的判断，它一下子扩大了我的视野，有趣得不得了。

如果你是理性的人，报纸里有你要学习感性的部分；如果你是一个感性的人，报纸里一样有非常理性的内容让你更务实。因此试着读完一整份的报纸，就像是上了一堂创意的课程一样，只是你不是光坐着听别人的方法，而是创造了一种迥然不同的生活经验。

☑今天，用心读完一份报纸。

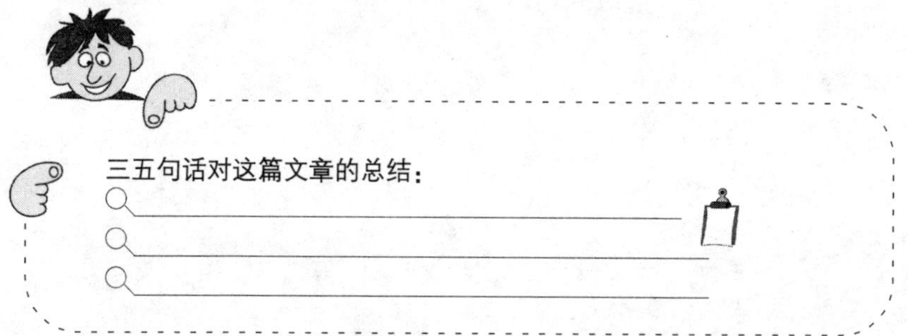

唯永不中途放弃

大连远旺渔港餐饮娱乐有限公司总经理　张洪坤

我在工作中唯一的长处是从不中途放弃，所有的工作目标一旦确定，都要坚持到最后。其实，这也是个人性格中惯有的执著成分，即便生活小事，都能见诸一二，如：

朋友交往中，我尽量多地与人为善，并努力把好事做到底。朋友经常的评价是，我这人“够哥们儿”。其实，我只是从友善的角度出发，碰到朋友遇到困难时，一旦承诺帮助，都会坚持兑现，尽管这样做可能要花费很多的时间，甚至有时候也要付出一定的代价，但是，我这些年的身体力行证明，往往是得大于失。

在面临误会与冲突的时候，不放弃调节和改善的机会。我觉得，人与人之间，没有天生的敌人也没有天生的朋友，看似不太好相处的人，可能只是暂时的误会。我曾经在大连的香格里拉饭店门口，遇到朋友与工作人员发生误会，当时的场面让大家都觉得就快激化到武力冲突，但我作为当事人的好友，没有放弃努力劝服。毫不夸张地讲，我把朋友拉到一边，像个心灵大师一样给他讲我在Money&You课程中学到的一些东西。慢慢的，朋友的怒气缓和下来，对方也主动让步，后来，我们不打不相识，成为很熟的朋友。

生活上每天晨练、习武的习惯，我一直也在坚持，无论工作多忙都没有放弃过。

背景链接：

张洪坤是传奇企业家，有十几年的艰辛创业道路，开过照相馆，并因率先于同行引进骆驼做拍摄背景而获得“骆驼祥子”的绰号；卖过布鞋，凭借质优价廉赢得广大客户美誉和信赖……敢为人先的创意思维和步步艰辛的积累，赢得个人事业成功的同时，更为家乡创造就业机会，被当地政府和媒体誉为新时代的“骆驼祥子”、“牵着骆驼闯开发区的企业家”。

今天，相信“我很重要”

虽然不是学戏剧的，但是自己因为有兴趣，靠着大家帮忙也完成了两出舞台剧的制作与演出，所有的演出者及工作人员都是一般的上班族，大家都很愿意拿出两三个月的时间来成就生命中一段难忘的回忆！可是因为选角上的考虑，并不是每个有兴趣的人都能有一个角色，很感谢当时大家的包容，所以我们也有了化妆、道具、摄影、行政、财务、排练助理、文宣、音乐、服装等工作团队，虽然是演给客户看，但是我们一样把它当做像是在国家戏剧院演出一样。

这过程中我有一个很重要的体会，那就是演员有大小，但是角色没有大小，演员在一出戏上场的时间多寡不同，重要性不同，有主配角之分，有一线、二线演员的差距。然而在角色上而言都是同等的重要，跑龙套的如果出场的时间错了，整场戏也前功尽弃；负责操控音乐的，如果下音乐的时间点错了，那营造出来的氛围也走调了。因此我不断告诉大家，这个结果没有个人的成功，而是团队的成功，在演出完毕谢幕时，所有的工作人员都会被请上来接受大家的掌声！

不论你的薪水有多少，不管你的工作能够与多少人接触，也不论有多少人记得你的名字，你都要相信“我很重要”，如此你才会尽力地把事情做好，如果你是团队的领导者，你也应在今天告诉大家，每个人对团队都很重要，这是一种激励。

有一家日本企业因为景气不佳想要裁员，而有三种被列入观察的人选，一种是清洁人员，另一种是司机，还有仓管人员，因为高层觉得这三种类型的工作者最不重要。不料清洁人员说："我们很重要，如果我们不按时打扫清洁，大家就会处在杂乱、臭气熏天的环境中工作，这会有碍身体健康，更会影响工作士气，让人才都不愿意留下来。"司机也认为："我们很重要，如果没有我们将生产好的商品，在最安全迅速的状况送到客户的手上，那么生产再好的东西也没有办法满足顾客的需求，这对公司的信誉有莫大的影响。"仓管人员说："我们也一样重要，生产好的东西要妥善保存，还可以避免遭窃，同时正确的盘点更是管理的关键。"

公司高层听了都觉得有道理，在权衡之后决定不裁员，决定调整流程、创新商品的附加价值、打开营销通路，同时在公司的入口挂上一幅大匾，上面写着"我很重要"。因为有着"我很重要"的认知，员工更卖力地工作，果然在不景气的情况下，这家日本的公司屡创佳绩。

我很重要，因为你看到了这本书。

☑今天，相信"我很重要"。

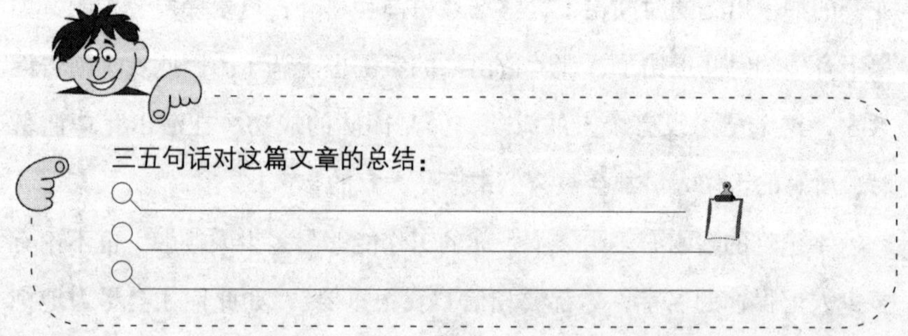

自我界定是第一步

山东华兴置业集团董事长 全国工商联房地产商会常务理事　孙涛

这些年在事业上的摸爬滚打，一步一个脚印地走过来，现在回首发现，无论从事什么工作，或处理哪些问题，自己的界定是第一步，也是最重要的一步。

首先，对自己的角色定位。我们有时候，要在职场上扮演不同的角色，比如我是董事长，也是房地产商会的常务理事、政协委员、法院陪审员、财政系统行风建设监督员。每个角色的使命和任务不同，只有自己内心明确，才能适应不同场合、时间段的责任，才能做到称职和优秀。从这点上说，职位体现出自己的价值和重要性。

其次，对自己的要求。除了职场上的角色，还有其他身份，对于公司，你是董事长，你很重要；对于爱人，你是他终身伴侣，你也很重要；对于父母，你是他们最骄傲的儿子，也非常重要；对于孩子，你是父亲也是人生偶像，也许这个角色更加重要，任何时候放松自我要求，都会伤害到自己和他人的人生。

第三，在与他人的互动中体现价值。每个人都不是孤立的，他的价值也不是凭空揣测的，更多的时候体现在与他人的互动中。比如，在公司我很重要，那不仅因为我是董事长，也要体现在日常决策能力、管理能力上。在与合作单位的互动中，我能明确目标，能够预测风险，达到合作共赢，以此来体现价值，这是人际交往中的自我界定，是体现自我价值的关键。

背景链接：

山东华兴置业集团有限公司自成立以来，已开发建设众多全国知名小区，成功建立了山东首个绿色生态住宅小区。

董事长孙涛秉承互动理念，在旗下地产项目运营中，强调人与环境融合、人与人融合的健康、舒适人居，成为“绿色地产”概念的首推者。

一言九鼎

上海齐鼎餐饮发展有限公司董事长　齐大伟

做人做事，诚信最重要，大丈夫一言九鼎，言出必行。

一个真正懂得责任的人，不会轻言承诺，因为他懂得一旦承诺之后，为了那份责任和诚信，花再大的代价，也要去兑现承诺。

我就有这么个习惯——不轻言承诺。在我看来，这并不是对人不够热心或者是不够义气，相反，我觉得这是对自己和对方负责任的一种态度。为了维护自己的面子或者只是为了一时义气就打肿脸充胖子的轻易承诺，到不能兑现的时候，不但损失了自己的诚信，还会误了对方的大事。所以，作出任何承诺之前，都要对自身拥有的资源及处理问题的能力综合评估，只有当你有至少八分把握的时候，再去承诺。

当然，在履行承诺的过程当中，有很多不可控的因素存在，事情会偏离当初你预想的轨道。这时就是考验你危机处理能力的时候了。承诺前有总体的判断，大的方向就是在你可掌控的范围之内的，出现问题了，要相信办法会比困难多，充分调动资源和能力，千方百计地解决困难，兑现承诺。也正是因为之前作过判断，这种努力是在你的负荷范围之内，而不会为了勉强兑现承诺而弄得自己元气大伤。

做人如此，做企业也是如此。现在，我们公司提出了“超越麦当劳”，打造中国自己的民族餐饮品牌的目标。这是我们对自己的一个承诺，也是对全体消费者的庄严承诺。作承诺之前我们对自己的实力进行了预估，制定了各个发展阶段的规划，按照这个目标一步一步踏实地去努力，实现超越不会是一个梦。

背景链接：

上海齐鼎餐饮发展有限公司成立十年来跨越式发展，以“打造中式快餐第一品牌”的坚定信念将旗下餐饮店“味之都”、“鼎中鼎”豆捞、“伊莎贝拉”比萨等塑造为广受消费者喜爱的品牌。董事长齐大伟不仅以汶川地震中捐助灾区的突出表现体现社会责任感，更鼎力打造“学习型团队”，先后为员工培训、学习成长投入大量资金，被称为“导师型老板”。

今天，大方请求协助

有一次要去中部的郊区演讲，因为当地的路况不熟，所以我们在清晨六点就出发了，同事很贴心地告诉我可以在车上再补眠一会，等一下上课就有精神了。高速公路上路况尚可，到了台中下了交流道再转快速道路，没有多久就离开了繁华的都市，而路的两边是新绿的稻苗，时间是八时二十分，距离上课还有半个小时左右。

没多久，同事开车的速度明显慢了下来，并且不时左顾右盼，似乎在寻找目的地的指标，我不禁问："快到了吗？"同事回答："快了，大概再有十分钟就可以到了！"不过十分钟过后，我们又转回了原地，我担心地看看表说："我们要不要找人问问看？"同事很有自信地说："我来的时候有看过地图，就在这附近了，只是要找到入口的地方。"于是我们又绕了十多分钟，眼看演讲时间已迫近，我不由得拿出老板的威严，要求问当地居民，同事只好下车询问，结果老百姓比出与我们车头相反的方向，然后再转两三个弯才能到，于是同事加足了马力按指示奔去，只是很可惜，仍然迟到了十多分钟。

演讲结束在回台北的路上，同事还很纳闷并且有些怪罪，为什么地图上没有标出来那条路？害大家浪费那么多时间，我也觉得好奇，拿起了地图，果真没有这条路，我也跟着一起批评这无用的地图干脆扔了算了，后来才发现书上写的几个数字"公元2000年最新版"，这是八年前的地图了，当然有许多路都不一样了。

这让我学到一件事，就是有的时候别太逞强，自己摸索半天不如问人一句。我想那天同事不愿问路，可能的原因是因为面子问题，担心老板会觉得这点小事都做不好，怎能承担更大的责任；也可能是一个人本身就不太容易相信别人，他可能曾经被骗过，所以宁可相信自己亲眼所见；当然也有些人很怕生，不喜欢和陌生人打交道。这种心态会让我们"卡"住，浪费了自己的时间，也影响到自己的绩效。

请别人来协助并不代表我们可以高枕无忧，可以让别人来承担责任，而是我们知道在对方能力及时间都允许的范围内，他的协助将有助于目标的达成，对方不一定要帮助你完成，但你可以请求别人给你方向，提醒你该注意的事情或者可能会犯的错误。你必须要在别人协助的过程中积累经验和信心，因为有一天，你可能也会成为别人求助的对象。

想想看在工作中有哪些人是你可以询问的对象，那些闷不吭声、不知请求协助的人会成为孤立的一群，大方地请求协助代表着积极主动的任事风格，代表我们有良好的自尊心与别人互动，代表可以从无知到知的学习成长。所以迷路时，请记得问路；不会时，请学习最快的方法让自己会。另外，记得还要丢掉过时的地图，别让它误了你的前程。

☑今天，大方请求协助。

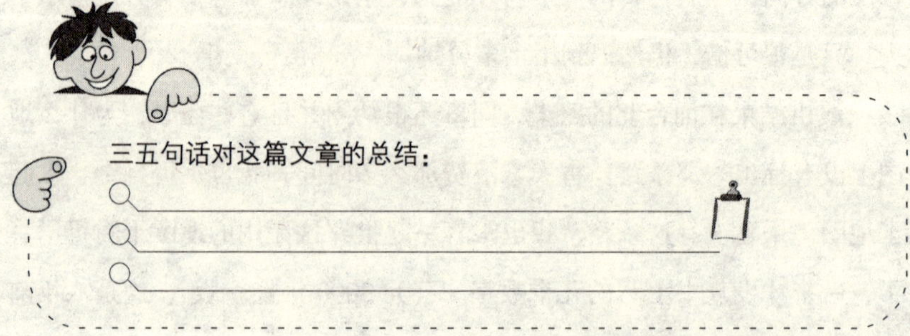

这就是本书中许多企业家提到的——彻底改变他们人生习惯的Money&You课堂。在课上的许多时间里，我和照片里这些义工带领他们，通过进行各种有趣游戏，得到与自己真实心灵重逢的机会。值得一提的是，每次Money&You课堂上，不仅有百余名企业家、高管同时学习，数百名毕业生进行复读，还有许多毕业学员报名做义工，不远千里从世界各个角落会聚在此。我们所拥有的同一认知是：纯净心灵的保持、生活小节的修正都不能排斥外物持续地启迪与擦亮，不能排斥彼此之间施加援手。

信任百分百没有错

大连盛世新传媒有限责任公司总经理　姜可为

如果说我有什么特别的习惯，那就是信任别人。也许，有人认为，这不像企业家的风格，反倒更像单纯的孩子。我要讲的就是我们在Money&You课程上经常提到的信任百分百没有错。

不用你告诉我，这世界有多少是非曲直和尔虞我诈，我更建议人们带着视而不见的豁达去看淡这些，就像电影《夜宴》里的那一句“百般算计，敌不过一颗单纯的心”。

信任于我的受益总是大于预期的，信任 Money & You 家人给我事业上很大的帮助和启发。我们现在所做的社区商业中心项目，正是课堂上学到快速建立各种有效链接的结果，它让我意识到，做媒体必须以发散性思维去跨越各行业、产业的界限，甚至对常规操作和思维模式都要有所突破，在没有对人十足信任的勇气推动下，是很难有大的作为的。我的项目得到很多同学的支持，他们给我很好的专业建议和资源支持，同时，因为符合政府社区建设发展的大趋势，前景很被看好。

信任的又一益处是直接把美好的情感传递给我们的孩子。为人父母的一言一行，都是孩子的标榜，看到孩子与他自己的小圈子相处如此融洽，我永远不必担心我的孩子对这个世界缺少安全感。

背景链接：

大连盛世新传媒有限责任公司是一家以高端受众群体为主的专业媒体开发运营商。现重点推动社区商业中心项目，契合政府社区建设和发展的规划要求，总经理姜可为一直强调人与人之间相互信任才是新时期社区融洽关系的基础。

HELP

今天，不说谎话

刘若英有首歌叫做《我很好》，她在介绍这首歌的时候会问对方最近好吗？却很少问自己，而碰到别人这个问题时，我们也会有着应付的回答说："我很好！"即使不好，我们也很难大方地说"我其实过得不好"。其实好与不好真的很难说，就像一双鞋穿在脚上舒不舒服只有自己知道，旁人是看不出来的。

在 skype 上有人也问我最近好吗？我说"我很好"，在屏幕上打回这几个字以后，其实是有些沉重的，因为真实的情形是有些烦躁，只是怕影响对方的心情，更怕说出真正让自己烦心的事情后，对方会不会有更大的烦忧，甚至别人会觉得你的日子已经够好了，觉得你实在是人在福中不知福。

在英国有一项"谎言调查"，结果显示英国人平均每天要说谎四次，男人五次、女人三次，若将谎言的内容整理，有近三分之一的民众认为"我很好，真的"这句话是使用频率最高的谎言。其他的谎言还包括"见到你真高兴"、"我身上没带现金"、"我会打电话给你"、"对不起，我错过了你的留言"、"我们很快就会再见面"、"我已经出发了"、"你确实蛮不简单的"、"我这里交通很拥挤"、"什么短讯，我没有收到"，虽然是英国人的统计，不过我相信大家也会会心一笑，因为有些词句，咱们真的蛮熟悉的。因此当别人笑着说"我很好"时，请记得那是谎言的几率相当大。

还好这些谎言不会有致命的影响，而且大约是在工作中有关的。我自己反省也常常讲谎言，例如有一场演讲的邀约我不太想接，我会告诉对方那个时间已经有排课了；我也常常对着好朋友说“以后常联络”，可是一年间一通电话都没有打；如果你从事的是销售工作，明明只有三分的东西也要硬说成十分，这里面的谎言恐怕更多；政治人物更是高竿的骗子，看到候选人彼此攻击对方在骗选票，你真的很难投下这神圣的一票。总之骗人很苦，被骗也很苦，难以分辨真假更苦。

其实每一个人都想做个率性的人，不在乎别人的眼光，能够坦诚地表达感受，而一天之内不说谎，是一个很重要的训练，如果你以此事为要求自己力行的项目，你就要拿掉那些敷衍的文藻，而用爱、包容、支持的心态来说真话，那也是对自己感觉负责任的一种作为，这种方式我们可以在职场与家庭中做起！

所以如果你问我“最近好吗？”

我会回答：“大多数时间是好的，但有时也会一个人难过起来，四十多岁的男人也需要关怀……”

那说真话，你好吗？

☑今天，不说谎话。

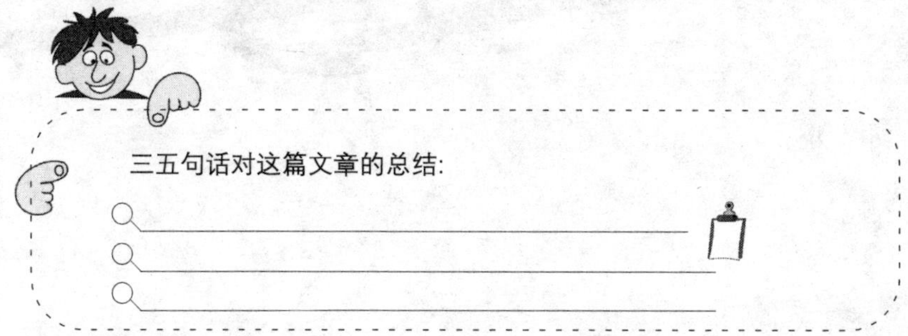

女儿小时候，我们都用匹诺曹说谎后鼻子变长的故事来教育她诚实，她听得很认真，也很虔诚地相信说谎就会受到惩罚，所以每当我担心她在说谎的时候，都提醒她摸摸鼻子，这时候，如果她的确在说谎，就会流露出愧疚的神态。

直面不善规划的自己

四川铁航投资有限公司董事长　刘巍建

我们更多的时候，喜欢把自己尽量地包装完美，但是掩饰和说谎让人慢慢把自己搞丢了。

就像采访时，对方问我是怎样安排工作、规划事业的。而事实是我很感性，与做制度、做规划相比，总是更倾向于个体创造和创意型工作，我不能为了应付采访而伪装甚至扭曲自己。

所以我宁可先承认自己存在制度管理上的不足，并指出改进和提升的措施：

第一，适度放权，任用在制度管理方面有经验且更专业的下属。我的副总在这方面，多年来已经逐渐与我形成合作默契，所以，公司的同事并不觉得我的感性给工作带来多大的负面影响，他们反而倾向于更愿意主动接近我这个NICE的老板。

第二，加强自己在制度、规划和管理方面的学习，并尽量多向同学、同行学习，考察成功的管理模式和商业模式。这方面，实践家是个很好的平台，给我们创造非常好的交流机会。

第三，发挥自己在创意型工作方面的专长。我从不拒绝创新和改革，这些年的工作经历证明，这也是非常适合我的一条道路。

第四，要求自己准时上下班，不迟到，不早退。作为企业带头人，给大家遵守公司制度和流程树立典范。

背景链接：

刘巍建，成功经营中国海峡航空有限公司、四川铁航投资有限公司、四川航空商务旅游有限公司、成都铁航网络服务有限公司、健康储备银行（四川）有限公司、四川航信运输服务有限公司、《飞跃》杂志社、四川铁航心连心关爱基金等多家企业和组织，被称为中国商界的一匹“黑马”。长于商界更热心慈善，在汶川大地震中个人捐款500万建立爱心基金，并促成灾区孩子的公益心理辅导课程——青少年Money&You在成都的开办，目前正在积极建设第一个灾区雕塑纪念公园。

今天，做团队中最全力以赴的人

电视上在访问奥运跳水冠军田亮，这位英俊的选手不管在哪里都吸引众人的注目，离开跳台后，他也善用个人的明星特质走入演艺界，只是看到古装戴头套的田亮还真的有些不习惯。

田亮描述当从省代表队进入国家代表队时，那种不眠不休的训练像是地狱一般，有好几天真的觉得已经练不下去，想要放弃回家，主持人问他最后为什么没有放弃呢？田亮说："如果我放弃了，就等于跟别人一样，我希望和别人不一样，只要教练不放弃我，我一定要坚持下去。"后来田亮终于苦尽甘来，成为中国跳水界耀眼的一颗星。

要成为国家代表队走在奥运开幕仪式中，并不是件易事，因为从乡村到县城到省，一路上要经过无数次的选拔，即使入选了国家代表队，那也只是储训的阶段，有许多人放弃了就不再有机会，所以能熬下来的，除了有纯熟的技术之外，还有良好的心理素质。而人性中都有个通则，你付出的越多，努力的越多，你越不愿意放弃，男女之间的交往，也何尝不是一样的道理。

运动场上是绝对需要全力以赴的，在家里看台湾 SBC 篮球赛时，有一场裕隆在最后五分钟还输十几分的比赛，照局势来看应该对手已有八成赢面，可是裕隆有位球员有着打死不退的拼劲，一下冲入禁区，在长人面前毫不畏惧地挑篮得分，一会在外围三分线取分，两分钟就取回七分，在一阵的猛攻下带起了士气，上场五人无不全力以赴，而对方却一阵的兵荒马乱、失误连连，最后裕隆队奇迹似的逆转对手，而这也是一场难得让人热血沸腾的球赛。

去年的跨年倒数我是在青岛度过的，公司选择在这个城市举办每年的跨年晚会，说实话青岛不像北京、深圳、上海，有广大的人口及学习群众，要办数百人的三天大型讲座并非易事，青岛分公司的总经理说六百人没问题，而这承诺让我忧喜参半，喜的是肯于承诺，忧的是这是很大的挑战，因为它不是免费的活动，每一张门票近人民币三千元。随着时间靠近，我常常询问上海总部最新的人数，结果在一个月前实际缴费的人数才一百出头，后来我已做最坏的打算，不过当我到青岛时，分公司主管告诉我她做到了，用全力以赴的行动力完成了这个任务。

事后我问她是如何办到的？她说是评估过的人数，而且她因为有做承诺，她就要努力完成。这句话让我学到：有投入承诺的人才会全力以赴。一个人有百分之百的能力，却只有百分之五十的承诺度，他会因为行动的不一致或懒散毁了这个团队。所以在带领团队时，除了要有能力之外，更要有肯于承诺的成员，并淘汰那些没有投入承诺或低承诺度的人。一个优秀的成绩、一位万中选一的运动员都是如此产生的。

今天试着让自己成为团队中最拼的人，想办法比别人多练习一次，多开发一个客户，多打一通电话，多成交一个 case，成功就在眼前。

☑今天，做团队中最全力以赴的人。

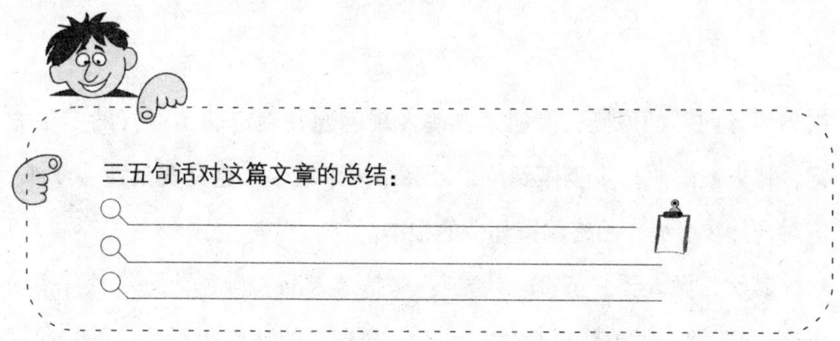

其实，敬业也是一种相互感染，就像人性中其他美好的品质，总会因为闪闪发光而给他人追随的动力。所以，作为企业管理者的你，从今天起，时刻提醒自己，做团队中最全力以赴的人，你会发现，你和身边的人、公司，都在因此而悄悄改变。

做人正直，做事认真

天津物美投资发展有限公司副总经理兼投资发展中心总经理　王雍华

我最常听到的评价：是个正直、认真的人。

从小到大，每逢听到称赞，一定少不了这句话。

学习是我一直坚持的一个习惯。人生不同阶段必须有全新的知识更新，方能跟上瞬息万变的市场，取得更快发展。在学习上我对自己有严格的要求和学习规划、深造计划。参加各类学习、培训，积极地与讲师、同学交流时，大家也认为，我是一个正直认真，用心好学的人。

多年以来，我发现“正直”是个好品格，“认真”是个好习惯，将其淋漓尽致地发挥在人生不同境遇，能达到不同程度的美好，我个人从以下几方面加强自我要求：

首先，对待工作“正直、认真”。坚持“一切从实际出发，一切以结果为导向”的原则，及时、准确发现问题并制定切实可行的实施方案，将方案的执行步步抓到位，紧盯结果不放手。这是我从业多年来，应对内外在形势，始终保持如一的根本。

其次，做人要“正直、认真”。坚持“果断、自省、简单、直率的风格”，不把人际关系复杂化，也不纵容自己的缺点和不足，不断通过学习提升内心的能量，提高自己的品味和内涵。时时谨记“我是一切的根源”，凡事向内观，认真地用心总结自己，是快速提升自身素质的最佳捷径！

第三点，对待人生要“正直、用心”。不断用心感悟客观世界，保持对外界的宽容和对内在的警醒，用积极的心态净化内心，用积极的情绪、语言创造良好的人际关系。用生命中更多的感悟带给大家积极的人生态度，减少误会的产生以及负面影响的蔓延；用正直的品格、认真的态度，创造出健康有序、积极向上的工作氛围。

我很喜欢“活在当下”这句话！只有用心去接纳、欣赏身边的一切，跳开自己的主观臆断，我们才能真正拥舞生命！

“海纳百川，有容乃大”，我喜欢海，喜欢它宽广的胸怀！人生就是一个“去其糟粕，取其精华”的过程，我会一生坚持做一个“正直、认真”的用心人。

背景链接：

物美集团是中国500强企业，是中国北方最大的超市连锁集团。店铺700余家，年销售规模300亿元；在香港、上海两地上市。

原万家利（国际）贸易有限公司总经理，现任天津物美公司副总经理的王雍华女士，是一位优秀的企业家，也是民主建国会会员、基层支部主任，和平区特聘政协委员、天津市连锁协会副会长。

梦想与责任

山东青岛邦尼文化传播有限公司总经理　王晓青

事业上能否取得成功，甚至人生的整体走向是积极向上还是原地踏步甚至退步，受很多因素的影响，但我觉得有没有全身心地投入工作和事业，是最关键的一点。道理几乎所有人都懂，但怎样才能真正做到全力以赴，我认为以下两点必不可少：

第一，要怀抱梦想。拥有美好的愿望和梦想，我们才会在平凡中渴望终有一日的不平凡，才能超越自我。当我刚走出校门，只是一个月薪200块的营业员时，我以为我的人生就只有这些，但是一个偶然的机会，我因为卖掉了当时整个店最贵的一条价值19800元的项链，得到隆重的嘉奖，激发了我对成功人生的进一步渴望。带着这种渴望，我辞去了原本稳定的工作，走上了更艰难但也更宽广的职业道路，后来成为一家大公司的分公司总经理。

第二，光有梦想是不够的，因为梦想大多与现实有一定的距离，就像河的两岸，当我们怀着美好的愿望看未来，就像站在一岸看对岸，那么近却又那么远。行动与责任，便是搭建梦想与现实之间的桥梁。我在这些年的磨炼中，深深懂得珍惜同事对我的信任，并将此转化为责任与动力，所以尽管这条路上遇到不同的困难，一直都没有放弃，做最执著与坚持的那个人。

背景链接：

青岛邦尼文化传播有限公司作为专业的礼赠品供应商，先后与瑞士军刀、ZIPPO等国际顶级品牌建立战略合作，与海尔集团、海信集团、招商银行、中国工商银行、中信银行等企业及单位建立长期合作。王晓青个人则通过其“带给生活奢侈的美感”的职业理念，将她对美好生活的感知延伸到事业中，成就个人、企业、社会共同美好的梦想。

今天，抽出一点时间给家人

成龙每天忙着拍戏，突然有一天心血来潮，决定去接念小学的儿子回家，希望这个惊喜能让儿子体会到父亲的爱，只是在校门口左等右等就是看不到儿子的身影，纳闷地回到家后，家人才告诉这个很少回家的世界巨星，儿子已经念国中了。

这虽然是个笑话，你不觉得会发生在自己身上，但是思考看看这几个问题吧："你有多久没有与家人共进晚餐了?"、"你有多久没有专心陪陪孩子玩了?"、"你知道孩子现在每天脑子里在想什么事情吗?"、"你知道孩子的班级、知道孩子最好的朋友是谁、孩子的兴趣是什么吗?"如果你的答案是清晰的，那么我相信你一定与家人的关系很亲近。

看过一部新加坡电影《小孩不笨》第二集，故事中的小男主角非常非常渴望父亲能来参与自己的舞台剧表演，然而工作忙碌的父亲却始终没有答应，这孩子努力想办法卖自己的游戏卡，希望能凑足钱买下爸爸的一个小时来见证自己的风采，故事的结局让很多人都落下泪来。

有对老夫妻结婚四十多年了，结婚前本来妻子打算到国外留学的，可是最后为了爱而留了下来，先生为了弥补太太，就允诺太太："以后有一天，我一定会带你环游世界!"随着孩子诞生、生活的开销越来越吃重，要环游世界变成了一个遥远的梦想，先生总是安慰太太："等孩子再大些，等钱再赚得多一些……"孩子终于成家立业，不用二老再烦心了，二老多年的省吃俭用也终于苦尽甘来。不过先生的工作更重要了，每天忙碌到很晚才能回家，平常两人连见面说话的时间都很少，更不用讲有很长的假期可以出国。太太仍是无怨无悔地守候，先生只能很抱歉地说："等我退休，我就有时间了，到时候要去世界哪里都行。"终于等到退休了，但是一次脑中风却让太太深度昏迷，每天深邃的双眼都固定看着天花板，偶尔还会落下泪来，而身边孤独的先生对着妻子不断重复说："老伴，你要赶快醒来啊！我要带你去巴黎看铁塔，去罗马看教堂，去加拿大看冰河……"

这些故事只有一个目的，不要让"来不及"成为一生的遗憾，工作只是人生中的一部分，只有家庭当你出生时就存在，一直到你走时，它一样给你依靠，多花些时间陪伴家人吧。如果你爱家人却没有时间陪伴他们，那么你爱的是你自己，而不是你的家人。

今天早些回家，真的花些时间专心陪伴家人吧。

☑今天，抽出一点时间给家人。

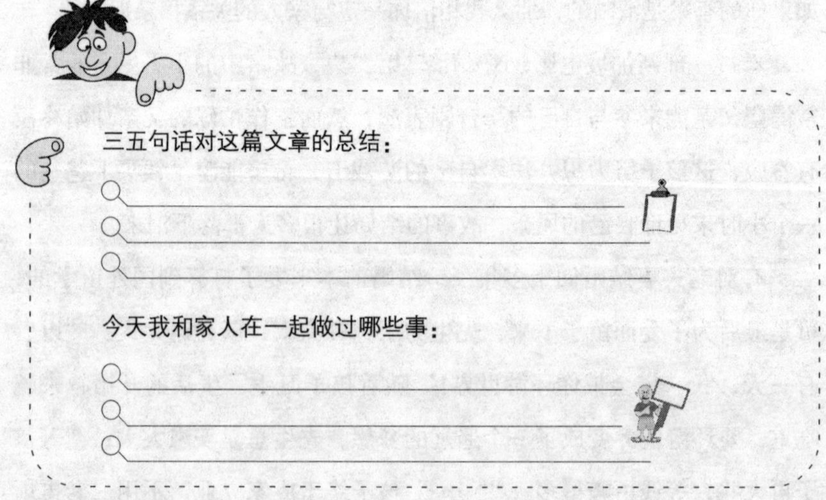

我家小事

济南泰德大业商贸总经理　赵建

对我来说，有两件人生“必须履行”的义务：一个是事业，一个是陪伴家人。

以周记，平时无论再忙，周末我都会排开一切公务，专心陪父母和孩子，一家人共享天伦。不仅让老少开心，我也得以转换心境，换个心情体会生活。

以日记，每个晚上，只要不是出现紧急工作，我都会尽量赶在女儿睡觉前回家，给她讲故事。现在，睡前讲故事成了我和她的必修课，要没有我说故事，她就不睡。喏，昨晚我还刚说到《夏洛的网》呐。

以时记，有一件事情我在家里时时刻刻、分分秒秒都不会做，那就是抽烟。无论我在外面谈公事再怎么抽烟、烟瘾有多大，回了家我一根烟都不抽。一开始是因为我父亲怕烟味，一闻到烟味就咳嗽，后来无论在我父母家或者我自己家，我都不抽烟，我家连烟灰缸、打火机都没有。不抽烟，好像是我给他们的一个微小的承诺：我和他们在一起的时间里，一切以他们为重。我可以摒弃自己一切喜好，尽力让他们过得健康、喜乐。

另外，我还在家里养了许多我和他们都会喜欢的东西：养花、养鱼、一只乌龟、一只蝈蝈。我特别喜欢那只蝈蝈。冬天，下大雪的时候，一家人待在屋里，听着蝈蝈日复一日就这样叫着，觉得岁月静好，那种感觉真是温馨。

这是我现在为我家人所做的，事都不大。但我却是以此表达我的爱。

背景链接：

济南泰德大业商贸有限公司被广州立白集团评为“最佳专营商”并颁发“金狮奖”，因多年保持和谐稳健发展，业绩蒸蒸日上并形成浓厚的学习型企业氛围，被业内誉为“日化常青树”。总经理赵建曾是一位优秀的大学教授，其个人深厚的文化底蕴，使其成为员工的精神领袖。

今天，干掉那些拖延许久的事情

不论在工作中或生活中，一定有些事是你“最不想做”的，不想干的理由可能是这件事很困难、最有挑战、或是你根本不认同这件事、或是这些事微不足道，所以在追求快乐与逃避痛苦的人性驱使下，人们选择以逃避或拖延来降低压力。

女儿周五下了课回来说这个礼拜的功课超多，虽然我希望她们尽早把功课做完，才能够真正享受假期的美好，但是家里的漫画、偶像书及计算机，总是比功课更有吸引力，每次总要拖到星期天晚上检查联络簿的时候，才发现有好多功课遗漏了，尤其是要背的课文。后来我要求女儿一定要制定写功课的计划、要规划起床后的所有作息，而且最好从最难的功课开始做起。女儿不懂这样安排的用意，于是我利用前后两个星期来做比较，一是先写困难的、再写容易的；而下一周则刚好相反。女儿在试过之后觉得，一旦把最麻烦的功课解决掉之后，人真的会变得比较轻松。

每一个人都有抗拒心理，这是拖延产生的原因。提倡工作效率的大师凯利·葛里森曾说，克服拖延最好的方法就是马上做，有些人对于自己可以先处理最丑陋、最痛苦的事而感到骄傲。先做你最不喜欢的事，不仅会让你觉得第二件工作没有第一件烦人，先完成你最不想做的那件事也会让你的信心大大增强。

要克服拖延，也要避免给自己找根本不存在的借口，例如要去拜访一个难缠的客户，你会心想：“这时间，他一定不在或是一定很忙，还是另外找时间吧！”当你觉得要去运动时，你会想：“现在早上一定人很多，还是下午再去吧！”结果吃完午餐，不知不觉地在沙发上睡着了，醒来已是黄昏，你发现那又是健康中心的热门时间；你可能一直想等“有空”的时候把办公桌整理一下、把家里打扫干净，可是你发现你几乎很少有“有空”的时间，好不容易有空，你啥事也不想干，只想好好休息、无意识地看着电视。

每年过年的时候，家家户户都要大扫除，你现在必须要去清理在你文件匣里的那些待办事项；你有哪一位员工一直想找他谈一谈而没有做的；你有哪些书想看却没有看完的；你有哪些答应家人的事却一直没有兑现的；你有哪一个计划在心中却一直没有付诸行动的。现在你要做的就是清仓的动作，把这些事情找出来，然后立即行动或确实地列出执行的时间。

是的！现在就做，并且把它做完。

☑今天，干掉那些拖延许久的事情。

干掉那些拖延许久的事情，你会觉得内心十分轻松且有成就感。如果有时间，不妨在晚上休息前，想一想有什么事情是一直要做却没有做的，然后把它列下来。

要做而迟迟未做的事：

○ ____________________

○ ____________________

○ ____________________

足够乐观与过于乐观

上海异色服饰设计有限公司总经理　宋瑞生

干企业的人都忙，没听到一个老板说自己闲的。忙着开会，忙着做方案，忙得没时间给家人打电话，忙得没时间吃饭……看到身边太多的朋友因为忙，落下了胃病，最后自己痛苦，也损失了更多高效工作的时间，我就告诫自己绝不能这样。这么多年来，我一直保持着一个习惯，就是按时吃饭。一日三餐，不论多忙，到时间就准时吃，绝不让自己饿着肚子工作。再忙，也不差吃饭那点时间。面对一大堆文件一个又一个案子焦头烂额的时候，趁吃饭的时间让大脑休息休息，走出办公室透口气，没准就想到解决问题的好办法了。

很多朋友就说我总是那么乐观，是啊，乐观有什么不好呢！生活中那么多美好的事情，多去想想这些好的事情，不就没时间去想坏的事情，不就总能保持好的心情吗？人之所以快乐，很多时候不是因为得到的多，而是因为计较的少。

当然，也不能过头的乐观。有时候我就是过头的乐观，觉得有些事情一定是很快就能解决的，当下就不着急，将它放了下来。就这样，一拖再拖，到最后本来一件很小的事情却耽搁了大事。所以我会定期回顾自己的工作，看有没有事情被自己拖延很久了。有，就在当下赶紧将它们完成。每每处理完这样的事情，就像打开一个结，心里会特别的轻松畅快。

背景链接：

异色服饰设计有限公司主要致力于针织新样式的开发，为国内外品牌提供最佳的针织设计创意，并推出专业针织品牌 MIRICLE。作为公司灵魂人物，宋瑞生坚持设计制造必须解构与引领潮流时尚的理念，突出的创新能力穿越在女性化和中性化穿衣模式的概念边缘，开创式推出“模糊女性化和中性化穿衣模式”的概念系列，引起市场极大反响，引领了新锐本土服装发展潮流。

今天，善用自己的时间锁

有一次和内人聊天，她说以前当学生时，都常常一个人在家看书，她觉得在家看书比较有效果，这就刚好和我相反。我喜欢在图书馆读书，联考前最常去的就是位在台北市敦化北路的行天宫图书馆阅览室，也曾经在念补习班时去过南阳街附近的K书中心，我喜欢那种暗自较劲的场合，在家里我会常常去冰箱里找吃的东西而分心。

不只是场地，每一个人也都有他自己最有效率的时间。我有些文艺界及媒体界的朋友，若要找他们几乎都要中午过后，因为他们是群夜猫子，当夜深人静、大多数人都已倦鸟归巢时，却是这群人最活跃的时间。不过这社会上大多数的人还是以白天为主，只是要获得更有效的成果，你必须要掌握住自己生理时钟与工作绩效的关系。

一般而言，我自己的高效黄金时间，是在早上到十一点左右，如果这时间写作或演讲，我的体力与头脑分外的清晰，而且会有较佳的创意，吃过饭或是凌晨，都是我没有活动力的时候。其他像海明威，他也从清晨开始写作到中午才休息；亨利·米勒则是在上午九点到下午一点。既然这是最有效率的时间，就应该去做最有产值的事情，而不要将这个黄金时间浪费在不重要的工作上，例如行政性质的会议、查资料、抄写文件、处理突发事故等。

我们之所以把这段时间叫做黄金时间，是因为它的独特性与珍贵性，我们不会把黄金摊在阳光下任人取用，而会将它放在保险箱里，为了要保护它，我们还会加一道锁，目的是不让人侵入。同样的，今天你也需要一把时间锁，让自己不受到干扰，而能够专心地做最有生产力的事情。有些从事创意工作的人，常常上午是不接电话的；有些老板也会善用上午的时间去思考未来的方向，进而作出重大的决策。这段时间可以请总机或同事帮你接听电话，也拒绝同事临时跑来串门子，你可以在门口幽默地贴着“内有恶犬，请勿靠近”。重点是如果你不保护它，把时间锁起来，你就一定会被别的人事所干扰，当时间变得片段，它就像是一块摔碎的玉镯，明明还在，但是却没有任何价值。

人们不只在一天当中有自己的黄金时间，在一年中也可以找到一个区块是黄金时段。我们要顺着四时季节的变化，就像播种与收割都有最好的黄金时期，不了解每种植物的季节性，我们就种不出好的庄稼！

什么是你的黄金时期？试着把自己锁在一个没有干扰的地方，就像闭关一样，出来后就是金光闪闪、瑞气千条。

☑今天，善用自己的时间锁。

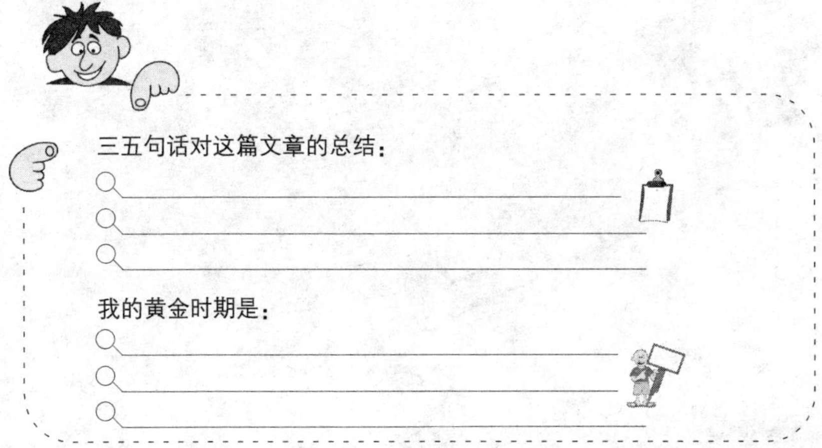

用三分之一的时间来工作

柳州夏诺多吉企业策划咨询有限责任公司董事长　喻祥

要是和其他企业家比起来，我真的算不上是工作最拼命的吧。要是我说，现在是把自己三分之一的时间用在工作上，其他的时间都是在世界各地旅游摄影，可能很多人都会觉得不可思议，一个老总怎么会有那么多空闲的时间，而且还是有几家企业的老板。但我确实做到了。

当然做到这些我有自己的一套方法。首先，在处理事情之前，会有一个整体的规划，分清楚自己到底需要什么，不需要什么，自己擅长的是什么，不擅长的是什么，然后根据这些分析的结果去寻找一个最佳的商业模式来解决问题。自己去把握最重要的大方向，处理自己最擅长的事情，然后很多其他自己不擅长的事情，交个擅长处理那类问题的人去办就好了。一个领导者，不必事必躬亲，一个事必躬亲的领导者，算不上是一个成功的领导者。

我绝对忍受不了把自己的全部时间捆绑在工作和企业上，这或许是一个学艺术出身的企业家身上特殊的秉性。大学我的专业是美术，那时就特别爱好摄影。现在，我会在自己状态最好的时候专注地去处理工作，最高效地处理交代好所有的事情。余下的时间，我就会到世界各地旅行，去拍照片。我很享受这样的人生。当然，这样也会少了很多和家人相处的机会，希望每天一个从不间断的电话，是对他们的一个弥补吧。

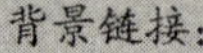

背景链接：

柳州夏诺多吉企业策划咨询有限责任公司拥有西南地区最大的生产基地和成熟的物流系统，成为上汽通用五菱汽车有限公司（五菱微汽）指定的标志、标牌定点生产及管理的合作伙伴及供应商。董事长喻祥对艺术敏锐的感知力和天生的自信、洒脱个性、举重若轻的气魄，为行业注入了自然活力，使汽车成为生活中一道流动的亮丽风景。

今天，还给自己一个干净的空间

办公室里有位女性同人很好意地问我，需不需要她帮我整理办公桌？我很感激地说声不用。不过我想她真正的意思是：“老板的办公桌实在太乱了，让人看不下去了。”每次她这么一说，就会提醒我应该把桌上的文件稍做清理，该存盘的就归类放它们应去的位置，该回收的纸张就丢到专门的回收废纸箱里，或者有些文件就送进碎纸机里，而因为常常有许多时间不在公司，所以看起来最主要造成紊乱的是留言便条纸，把该留的电话抄录下来，再将员工给我看的企划案按顺序排列放好，最后拿抹布将桌面擦拭一遍，当玻璃上闪耀出光亮时，桌面变大了，而心情也跟着不一样了。

我们所处的空间是否和谐有秩序，的确会影响到一个人的心情。计算机，我们会适时将硬盘重整，会将不需要的文档丢进资源回收站，目的是提高运转的效率。科技的运作就像是人间的除旧布新一样，一个让自己满意的生活空间，会让自己有归属感。所以今天你要利用些时间，把该扔的东西就爽快地扔掉，把很久都没有穿过、大概以后也不会穿的衣服捐出去吧。如果你的心灵上也有些灰尘，也应该大方地把它清扫干净，让自己的生命程序可以随时启动。

日本京都下京区有知名的东本愿寺及西本愿寺，都是历史文化重要的遗产，在每年岁末时都会有大扫除的活动，当地人称之为“出普坡”，这些寺庙都是木造的建筑，里面大多数都还铺着传统的榻榻米，开始时会由五百位民众身着罩衫、头戴口罩、手持竹棒、动作齐一地向榻榻米敲击，这时那些积累的灰尘因外力而扬起，而由住持师父带领，在指挥下手拿巨大的扇子将灰尘扫到户外去，然后由师父为大家祈福，期盼信众有一个崭新的开始，这个仪式已流传近五百年，每年都会吸引很多人参与。

一间历史悠久的寺庙需要打扫，除了庆祝一年平安顺利之外，也为心灵扫除尘埃。把你的办公室当做你居住的地方或者把它想象成是东西本愿寺吧，人们愿意来是因为它散发着吸引人的味道，所以造成香客鼎盛；如果寺里杂草丛生、门窗破损、菩萨身上布满灰尘、香炉里已许久不见香火，人们应该会把这里当成闹鬼的兰若寺吧……

寺庙为的是普度众生，每个人的工作是造福社会，希望你的空间充满人气，把垃圾桶倒一倒，不能写的笔丢掉，茶杯洗一洗，还给自己一个干净舒适的空间，自己觉得开心，别人也乐于前来，否则在陈年灰尘的地方待久了，人们进来后会说的第一句话是：“这是什么鬼地方啊？”

☑今天，还给自己一个干净的空间。

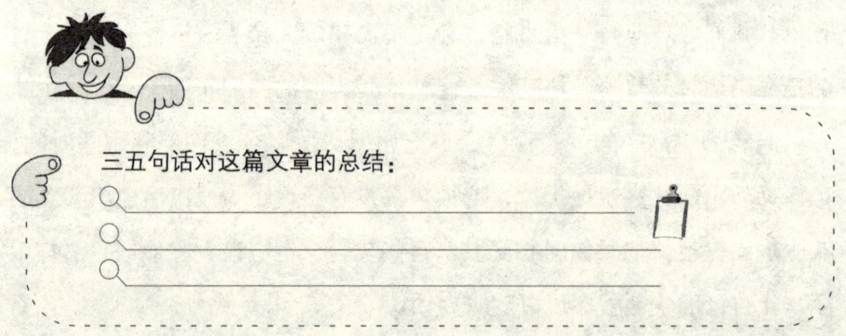

学员夏丽蓉自创收纳、办公文具品牌“爱文思”（更多创意：http://www.evans365.com/）给了我很多启迪。想要一个让自己满意的空间，相应的，要付出自己的努力、智慧以及对生活的思考。只有这样，你才无愧于身处其中。

从规划空间到规划人生

深圳市健运皮具制品有限公司总经理　夏丽蓉

了解我的人都知道，我是个凡事从大处着眼的人，按他们的说法是“大气”、“不计较”、“不拘小节”。当然，都是理解和爱我的人，给了太多正面的回馈和称赞。

但我却逐渐认识到，这种大而化之的性格，也有不够好的一面，甚至，我自己认为是缺点——不擅长归类。比如，16 岁那年我写的论文《中国的教育应该改革》当时震撼了全市教育界专家，我在文中提到，帮助一个人最好的方式，是传授给他生存和发展的办法。很多年来，我也一直在做这样的事，被实践家林老师、郭老师和同学们称赞是有“大爱”的人。但是，我自己却不善于或不屑于细节的管理，包括管理中缺少规划、分类的习惯，生活上也不太会打理。

从郭老师的课上得到很大启发，我从自己这个缺点想到，如果我们通过一种理念或产品，帮助人建立分类整理和细分的思维，不是很好吗？于是，就有了我们后来的爱文思品牌，它主张在家居和办公环境中，通过分类、细分而保持环境的整齐有序，并有效地节省空间和搜索使用的时间。

工作可以改变一个人的性格，而生活中一些细节上习惯的改变，也有着触类旁通甚至促成人生整体改变的功效。我后来的思维模式，与以前有了很大改变，习惯规划、整体有序地推进工作了。从初三开始我就形成多年记日记的习惯，这些日记我都认真地保存，我经常翻阅它，非常清晰地看到自己在不同阶段的路线和思想，也鼓励着我慢慢有了以后在写作方面继续学习和突破的规划和愿想。

背景链接：

深圳市健运皮具制品有限公司拥有10年以上开发制造经验，产品外销美国、欧盟和日本市场。其“爱文思”家居收纳系列，成功为办公室、家居创造整齐、美观环境，成为都市新时尚。夏丽蓉也是一个社会公益活动的推广者和实践者，她多次在高校演讲，帮助大学生创业。同时推广环保运动，是中国环保纸——石头纸的积极推动者。

今天，只跟自己的昨天比较

这是一个很麻烦的问题，也是每一个人每天心中的纠葛，先看看艾伦·狄波顿在《我爱身份地位》里的一段话：“假如我们必须住在一个破败脏乱、寒风飕飕的小屋子里，而统治我们的人还是一个苛刻小气、住在庞大温暖城堡里的贵族，但只要我们发现与我们同阶级的人都过着一样的生活，我们就不会对现状有所质疑，尽管生活辛苦，但是我们不会因此产生嫉妒的情绪。然而，我们如果拥有舒适的家和不错的工作，却在无意间因为参加同学会而发现，我们的老朋友所住的房子比较大，而且拥有比较好的职业，那么我们在回家的路上或许就会怀有一股强烈的失落感。”

这段话若用在办公室里，员工会接受老板们开大车、住豪宅的生活方式，但却无法忍受明明同一个部门、同样领一份薪水，为什么他可以干得轻松逍遥，我却累得和狗一样；明明以前这家伙成绩都不如我，他凭什么月入百万，而我却依然两袖清风。如果在与同阶级的人比较之下，你觉得占上风，你便自然会显现出优越感，你会很有自尊心；相反的，如果被比了下去，你也会难过、失意、甚至酸葡萄心理。人性中从小到大比功课、比学校、比玩具、比穿着、比婚姻、比工作、比孩子、比社会地位、比年收入……，而且这种事从不明说，比下来的结果，大多数的人都会受到严重的内伤。

有一次参加一个以前同事的聚会，以前年轻共事时的情感仍在，只是十多年过去以后，大家都在不同的行业里继续为一家老小打拼，结束时大家抢着要在柜台买单，当然我也加入了付钱的行列，一位朋友拿出了皮夹要付现金，另一位朋友马上说："拿钱干吗，这里可以刷卡。"听到刷卡，其他的人开始掏信用卡，我拿出了平常出差用的商务卡出来，不知为何其他拿白金卡的都不再向前，因为他们知道现在的商务卡是要收年费的。虽然买单，但是心里有些优越感产生，不料在我背后一个低沉的声音传来："还是我来吧"，一只长长的手从肩上跨越，在食指与中指间夹着一张某家银行的顶级卡，我们几乎用恭迎的眼神看着这张年费好几万的信用卡到来，最后的结果大家可想而知，那一天我受伤颇深，马上回家上网查询申请顶级卡的资格，而其他人恐怕也在美好的笑声后，跟我做着同样的动作。

我们很难抗拒这种思维的出现，我们只能用更高度的觉察避免落入到负面的情绪里，因此我们期待的不是和别人比，而是和自己比。和别人比，我们就会失去生命的原色，只有和自己比，让今天比昨天更接近自己的目标，比昨天更学到东西，比昨天更快乐，这才是积极的生活，才是闪亮的人生。

记得随时在今天提醒自己，要跟自己比，不要跟别人比。

☑今天，只跟自己的昨天比较。

今
2

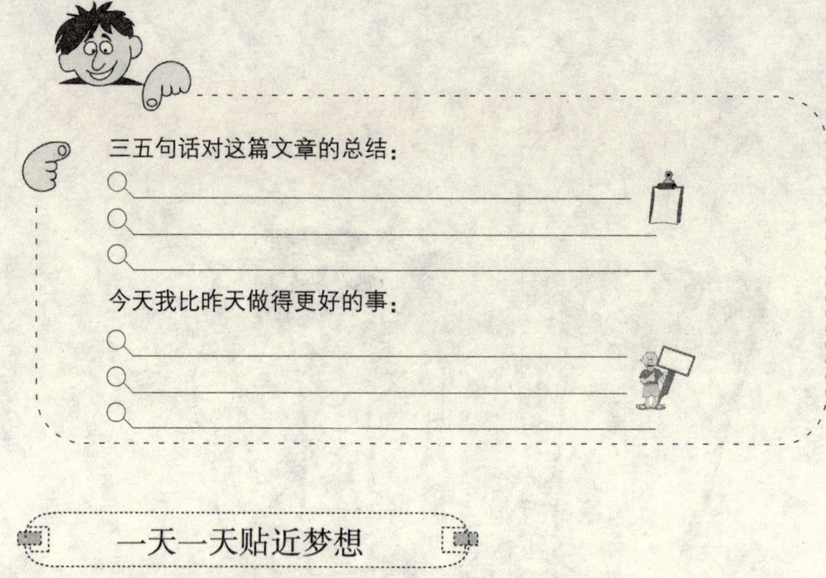

一天一天贴近梦想

大连吉渼霖女子会所总经理　钟燕冰

我有写日记的习惯，临睡时，我会在床上过滤这一天都做了哪些事，谈了哪些话，哪些事做得不妥，需要修正，哪些话说错了，需要修正。第二天起床第一件事就是在日记本上记录今天要做哪几件事，哪些事是最重要的。其中包括一点，就是昨天那些做得不够好、需要修正的地方，今天我会特别注意。

也许，这样描述一下，大家觉得很简单："企业家怎么像小学生一样，每天做功课，第二天检查功课？"其实，人生原本就很简单，经营企业如此，很多事情都如此，两步最关键：第一，一天结束的时候，懂得回顾和总结；第二，每一天都要比前一天更好。

有时候，是我们把事情搞得复杂了，这样的结果是弄得身边人摸不着头脑，很累；自己受累不讨好，甚至挨埋怨，也很累。这样的人生，就是所谓的忍受和煎熬，总要背负太大的负担、太多自己和别人的不满，却发现取得的成绩似乎永远达不到预期的目标。

我的主张就是给自己轻松的心情，带着这样的心情去过好每一天，让它都有所收获和进步。然后随着时间的累积，一步步靠近最终的梦想。

背景链接：

吉渼霖（JONEMERRY）作为纯会员制SPA主题会馆，涉及美容美体、SPA水疗、美发美甲、健康膳食等多种服务项目，成为大连健康美业中首屈一指的会馆。JONEMERRY更倡导内外兼修、健康保养、和谐社交的女性生活新理念，在总经理钟燕冰的感染和带动下，会员共同向女性美好人生的终极梦想靠拢。

今天，去拥抱一个人

上“Money&You”的课程时，常常会有夫妻档或家人档来参加，讲述一些内容时，每一个人都会触动我们对家人的期待或是愧疚，这时我们往往会邀请有家人在现场的人去找到彼此，然后给对方一个温暖的拥抱，这时你会看到有父母亲与孩子拥抱的，有兄弟姐妹彼此拥抱的，当然每当是夫妻两个人紧紧相拥时，现场会有更热烈的掌声，另一半没来参加的希望帮另一半报名，没有对象的会想有一个爱人可以拥抱是多么浪漫的一件事啊！

当夫妻两个人拥抱时，不知是否会激起某种魔力，不只拥抱的人哭了，而鼓掌的心也不禁拭去眼角里感动的泪水，那个时间与空间，比一部感人肺腑的电影更好看，你会想到自己、想到上次被人拥抱是什么时候？这一次你的眼泪真的掉了下来，中国人真的太少给人拥抱了。小时候常听人说：如果把一个人的两只手臂伸直，像是英文字母“T”一样，则两个手臂加手掌及肩膀的距离就是一个人的身高。手掌是我们追求与放弃的工具，那么我们的手臂为什么就是这个长度，不是更长或更短呢？后来我想到了答案，手臂是用来拥抱的，它的长度刚好够我们环抱一个人。所以如果我们不试着拥抱别人、或让别人拥抱，我们等于辜负了上帝的用心。

曾经有人研究过人类的亲密行为，结果发现有百分之八十三的人们在成长过程中，平均一天得不到一个拥抱，但是有百分之九十九的人希望得到更多的拥抱，如果我们希望在辛苦工作之余能得到身心平衡的话，一天至少要四个拥抱，但如果要促进自我成长，要满怀爱人的力量，那一天至少需要二十个拥抱才够，它虽然是个肢体的动作，但却有着安抚、慰藉、谅解的意涵。

如果你本身就具备爱的能量的话，你会很自然地给予别人关心，让别人知道对方在你心中的重要性，即使对方是个不容易亲近的人，你也能一点一点地卸下对方的心防，如果被对方拒绝，你也很容易调适自己的心情。每次在培训课程中，这类型的人虽是少数，但他很容易与大家建立友谊。

可是大多数的人会将身体上的接触视为一种禁忌，在欧美国家的机场，我们常会看到男女间热情的拥抱、接吻，这种习惯在东方几乎是看不到的，不论办公室里或是在家里都是如此。拥抱最多的应该是在一些心灵的培训课程上，可是学得再多，如果没有在生活中用出来，等于浪费时间又浪费钱，如果你真的觉得拥抱有助于彼此的沟通、有助于凝聚情感，你就必须跨出这一步，别忘记我之前所说的，手臂是用来拥抱的。

给你的同事一个拥抱，代表肯定与支持，千言万语，万般感谢，有时一切尽在不言中。主动给你的家人一个拥抱，让彼此满怀关心，让生命不再遗憾，如果你仍觉得做不到，那么你就要求别人（同事或家人）给你一个拥抱吧！也许这样会轻松一些。

记得一天要得到平衡，至少要有四个拥抱，这是今天业绩的一个部分。

☑今天，去拥抱一个人。

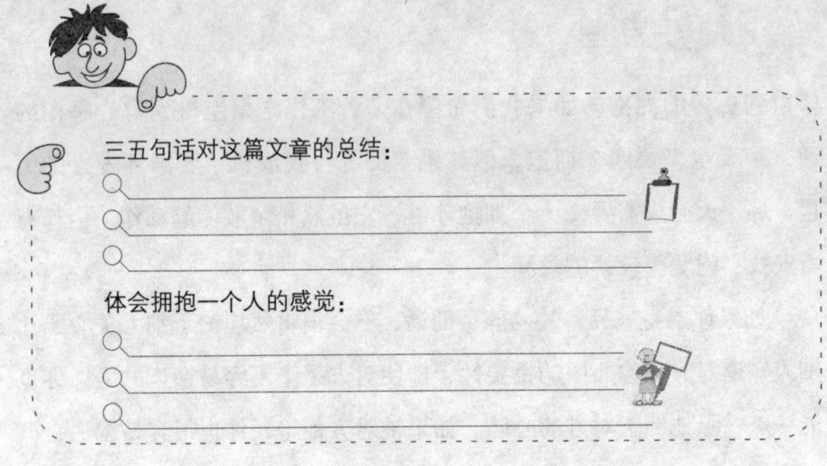

在 Money &You 课堂，我鼓励学员用拥抱表达感情，许多人在一个简单拥抱后流下眼泪，而更多的人因为得到拥抱，笑逐颜开。

抱着孩子时，是最幸福的时刻

济南菲亚美容用品有限公司总经理　金秀梅

做企业家，压力很大。做女企业家，压力更大——开始做事业的那几年，我老这样想。那时候我干事情节奏很快，多少有点独断专行的味道，有人说我不大理解人。但公司业务越来越大，员工越来越多。让我停下来慢慢“理解“别人，好像是很花费时间的成本的事。

但后来我就意识到这样是不对的，对事业、对家庭都有损害。我有个坚定的想法，就是对事业、对家庭有影响的毛病一定要坚决改掉。为了强迫自己留出时间和人沟通，我做了一系列的努力：

坚决不再睡懒觉，改正老板不按时上班的习惯，尽可能和员工一起参加早会。在早会上一定参与发言。这样，我有机会听到员工说话，也让员工听到我说话。

多安排时间和比自己有经验、有学识、值得尊重的人进行沟通。我喜欢听郭老师讲课，平日里我还经常找一个北大老师交流。三人行，找到自己的老师，是特别愉快的事。

我和两个孩子之间，也有一个独特的沟通方式。我的孩子都很小，一个三岁，一个不到一岁。我非常喜欢抱孩子。一家人待着的时候，我老把他们拢在怀里。很多人说，我现在“修炼”成熟了，这些都成了我最好的生活习惯。但他们不知道，当我抱着孩子时，那是我最幸福的时刻。

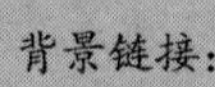

背景链接：

菲亚公司是中国第一家专注减肥的企业，现网络已覆盖11省市，全国加盟店已多达500余家。总经理金秀梅的用心与专注，开创了健康减肥的新境界，使更多女性得益于“享瘦”的过程。

今天，以善意看待事物

有位同人走进我的办公室告诉我，他前几天在逛街的时候，刚好碰到在街上摆摊算命的，这位算命的把他拦了下来，对他说最近言行举止要特别留心，这位半仙看出这位同人最近诸事不顺，恐怕周遭有小人当道，还问他最近有没有得罪人？同人想了一想，好像有什么事和人不愉快。算命的又说："真的让你看出来就不是真的小人了！你犯到他恐怕还不自知啊！"同人半信半疑地离开了，也开始了寻找小人之旅。

只是我不知道当他戴着这种有色眼镜来看待事物时，会不会真的变成"以小人之心度君子之腹"，要防小人的反而变成了真正的小人。

我们对事物的看法往往是主观的，很容易贴上自己认知的标签，并且以此为基础来解释一切，我希望今天给自己一个练习，多一些温柔与善意，看看这个世界会不会有所不同。

苏格拉底走在雅典城内，刚好碰到一位从外地来的旅客，他对苏格拉底说："我想要居住在你的城市内，这里的百姓是什么样的人呢？"苏格拉底回应："你打哪儿来？你那儿的百姓又是怎样的人呢？"

旅客叹了口气说："哎！我们那里的人不太好，他们会欺骗人、还会偷东西，彼此很冷漠，不懂得互相关心。这就是为什么我想要离开的原因。"苏格拉底说："其实我所居住的地方也一样，如果我是你，一定会再继续找找看的。"

没多久，苏格拉底又遇到了另一位旅人，他也问苏格拉底同样的问题，而苏格拉底也反问他所居住的城市是个如何的城市。这个人的回答就不同于前者了："我住的城市是个美好的地方，每个人看到对方都会很亲切地招呼，有谁需要协助时，他们也会义不容辞。所以我想去看看别的城市，去了解这个广大的世界。"苏格拉底很有智慧地回答他："恭喜你，我们这里也是一样，欢迎你来到这个城市，这里的人也有着同样的温暖与热情。"

看完这个故事，现在你会怎么去看待公司里的员工？别再抱怨公司气氛不佳，别再遗憾公司里没有堪用的大将，你觉得员工是个兵，他就永远不会相信未来有成为将的机会，你视员工为将才，他们也会学习承担并且全力以赴，就在今天用善意来看待事物吧！

☑今天，以善意看待事物。

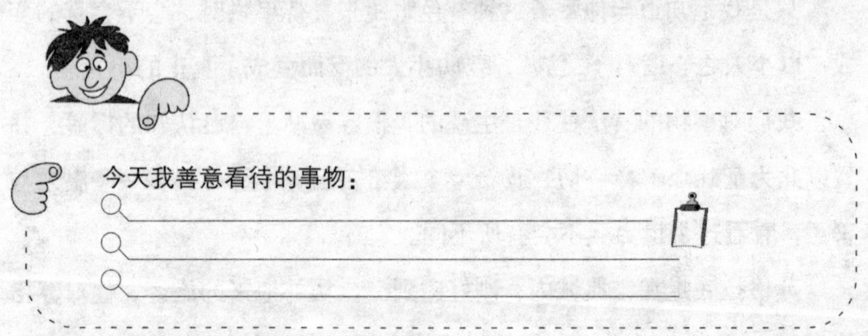

如果带着善意的眼光看，很多事物都有美好的一面，比如一个很难搞定的客户，或许会教我与人谈判的技巧，一件下属不小心搞砸的业务却让我明白很重要的道理，与爱人不经意的一次争吵让我发现她远比我想象的更爱这个家，孩子不小心弄坏了我的电脑，导致书稿被延误却让我难得有时间回过头思考自己写过的文字。年轻的时候其实我是个脾气暴躁的人，尽管现在的很多朋友都表示难以置信，但我觉得自己性情大

善
善

逆转的诀窍只有一个——当坏心情要推开门的时候，我让它迟疑三秒钟，仅仅三秒，告诉自己这件事情有没有带来什么好处……结果我发现，我的人生从此都不再有坏事。

女儿长大了，我也懂事了

青岛涛氏秀颜美容机构总经理　陶莉

在我最困难的时候，郭腾尹老师的一句话影响了我的一生。他说，“你要善于发现生活的美，让自己时时刻刻生活在美丽里。”我非常感动，此后我所有的努力都根源于此，这句话，可以说是我后来生活下去，越过越好的原动力。

我是个单亲妈妈。我记得以前我对小孩很挑剔，老是会从她身上发现很多毛病。后来我慢慢意识到自己错了，开始试着用心去喜欢孩子，接纳孩子。

有一个晚上——那时候我孩子才八岁——我回家已经晚上九点多了，还没吃饭，我女儿已经睡着了。我推开门，看到拖鞋已经摆在门口，拖鞋上用透明胶布贴着一张餐巾纸，上面歪歪扭扭地写着“妈妈，冰箱里有西瓜，还有我为你做的小饼”，落款是“你亲爱的女儿”。我跑到冰箱前一看，上面也贴着餐巾纸，标着“内有西瓜和小饼”。我打开冰箱，果然看到我年仅八岁的女儿亲手为我准备的晚餐。这是她用心完成的。我非常感动，觉得之前受的一切委屈、一切挫折都一笔勾销了似的。

现在，每当我又遇到难关时，我就开着车，自个上路，把音响开得很大，跟着大声唱。对，我找到清扫心灵的方式，我成长了。在一路的生活中，我会永远像郭老师叮嘱的那样：积极地，寻找美。

作者简介：

陶氏秀颜在2005年、2006年、2007年连续三年被青岛市消费者协会评为消费者最满意的美容院。2005年在广州美博会，陶氏穴位减肥获得美体大赛组冠军。

今天，冒一点风险

有一次和朋友聊到了“冒险”的问题，会引发这个问题是因为一部电影《练习曲》，描述一位年轻人骑自行车环岛的过程中所碰触到的人与事。当然那句经典的台词“有些事现在不做，一辈子就不会做了”，更是打动人心。每个人都想去做一些事情，让人生更加精彩，所以有朋友提议咱们自己也号召一些朋友，来趟冒险之旅，有人提议骑单车环岛、有人说登玉山、有人说要勇渡日月潭，不过后来发现四十多岁的男人，真的只剩下一张嘴，始终很难找到共识，后来我提议去参加“大甲妈祖绕境”，结果被批评得最惨，因为光走路哪算冒险，看来最后我是得千山独行了。

聊到了冒险，大家又开始聊一生中曾经冒过最大的险是什么？什么又是人生中最大的冒险？有人说创业，有人说买期货，不过当有人说婚姻时，所有人都大表赞同，因为两人决定要相守终生，决定面对未来几十年的未知，是更需要勇气的。婚姻像是一种赌注，刚开始牌面好，不代表最后一定会赢；相反的，起手牌面不好，也可能最后让众人跌破眼镜，因此太谨慎小心的人往往也会错失一些姻缘。

这里所谈的冒险并不是闯红灯或带违禁品进入海关的冒险，也不是股市内线交易或脚踏两条船的冒险，而是在现有的能力与知识的基础上去扩大经验值，而不是永远停留在现在的舒适圈。我们并不是让你一次走进一个你完全无知的深山中，而是有计划的冒险，这次走一公里、下次再走一公里，如果你是个牧童，附近的草总有一天会被吃尽，你必须要走一段陌生的路，那儿才有更肥美的青草。把那段不熟悉的路当做是一种投资，即使结果不如预期，但你下一次就不会走这错误的路线，你一样是有所收获的。

要冒险的应该是对自我的挑战性，如果我过去要花一个小时的工作，我可不可以在五十分钟完成？今年预定六百万的业绩，我是否敢大胆地挑战一千万？当我每个周末假期都有在郊区练习骑自行车后，我才敢挑战苏花公路，才有完成环岛的可能；当我在游泳池能够游二千公尺时，我才能勇敢的横渡日月潭。

行走于海峡两岸多年，台湾朋友的冒险性大大不如大陆朋友，因为台湾的岛就是最大的舒服圈，在这里我们局限于稳定及安逸，而大陆因为彼此强烈的竞争性，严重的贫富不均，所以集中大城市的结果是他们必须要有更好的能力，才能获取工作，他们要有随时应付变动的能力，或者说，当他们离开老家就是冒险的开始。

风险和机会永远是一体的两面，同样的一件事，有人觉得是机会，另一个人看到的是风险，但只要你有实力、能评估风险，你就应该大胆迈出这一步，这才是正确的冒险观。

☑今天，让自己冒一点风险。

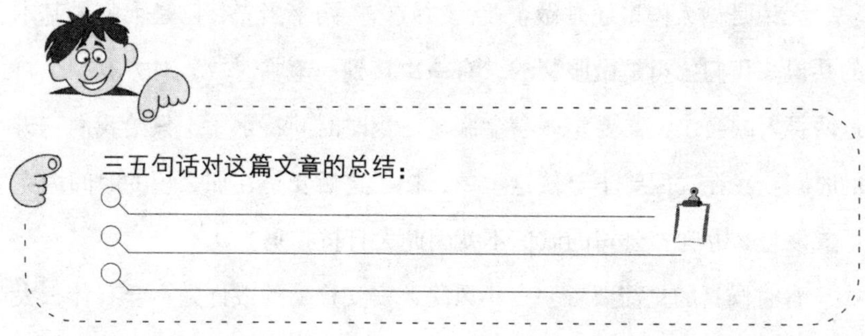

2008年3月29日：此刻我坐在澳门葡京大楼最高处，离地面直线距离233米。虽然强颜欢笑，实则两股战战，几欲逃走。这是我四十余年来的第一次蹦极经历。在稍后的几分钟内，我挑战自己，并取得成功。2008年的冒险，对我这样的“书生”来说，应该还算上到四千多英尺高的雪山徒步旅行这笔吧。2009年呢？我的心开始蠢蠢欲动。

做企业首先要有胆识

上海禾木服饰有限公司　曾茜

无论是做人做事还是做企业，“诚信”两字当先，已是大家最基本的共识。我们公司是做服装的，有一次接到一笔临时单，对方有一个将近两百人的会议，需要定做参会服装。当时时间特别紧，只给我们三天的时间。我在犹豫要不要接这个单，接了之后要是在那么短的时间内完不成该怎么办呢？公司的诚信不就因此大打折扣吗？

有时候真的是需要冒一点小风险，安安稳稳的或许是不会有什么大风大浪，但是，也就意味着永远不会有更好的机会再主动找你了。我和公司的几个主要负责人开会仔细分析权衡了下，觉得全体员工加班赶一赶，抓点紧，还是可以完成的，最后，我们接下了这笔单，在大家齐心协力的努力下，给客户交了一份满意的答卷，也因此获得客户的更多信任，获得了一个长期稳定的大客户。在后面任务不是太赶的时候，我们把衣服的模型板全部都刻好，按照性别型号分好类，下次接到任务，就不会觉得时间仓促来不及了，甚至可以在更短的时间内完成订单。冒了一点小风险，通过严格要求自己来化险为夷，并在这种风险下提高了自己的能力，那后面你就有资本去冒更大一些的风险了。这是一种很好的良性循环。

紧张的工作之余，也需要很好的放松。我喜欢唱民歌，儿子常常会开玩笑地说妈妈都要把宋祖英给比下去了。当压力很大的时候，我会和儿子出去打打羽毛球，或约上几个歌友出去唱唱歌，尽情地释放自己。这样有张有弛的生活，让我觉得很幸福。

背景链接：

禾木服饰在服装制作领域享有品质卓越、工艺精细的盛名，并成为国内外知名品牌服装的战略合作伙伴。公司的快速、稳健发展与曾茜等领导人始终如一的“用心做事、诚信为人”主张息息相关，她把对生活品质的愉悦追求、对事业人生的热爱，延伸至服装制作中，成为行业典范。

今天，做件让人感动的事

看到一则感动的故事：

有位男子到了邮局想要寄送东西，他问邮务人员有没有现成的包装盒子在卖？邮政人员拿出了标准的纸箱，并且问要多大的箱子？男子摇摇头说："这材质太软了，不经压，你这里有木头的箱子吗？"服务人员放下了手上的箱子问："木箱？里面是要装贵重的物品吧！"男子笑着微微点头。

工作人员找来了一个木盒子，男子接过来以后左看右看，仔细观察它是否牢靠、木面是否细致？最后他很满意地付了钱，买了这个木盒。接下来，男子从口袋里掏出了"贵重物品"，是一个没有灌气的红色心形塑料气球，男子拔下了吹气的塞子，先挤净里面原先的气体，然后一口一口地吹气，过了一会，一颗红色的心就成形，他把塞子仔细按紧，鲜艳的色彩吸引了众人的眼光，因为不了解这个年轻男子究竟要干吗？

红色心形的气球被放进了精致的木盒，大小刚刚好，男子很开心，服务人员懂了，男子要寄的是一颗红心。只是服务人员觉得这男子是不是脑筋有问题，包装的东西比里面东西还要重且贵，而且充满了气不是更占空间吗？服务人员好心地帮他称了一下红色的气球，然后建议："你看这颗气球才 6.5 克，你应该把气球的气放掉，然后放进牛皮纸袋里，用挂号方式寄比较省钱。"旁边的人也都应和着相同的看法。

男子有些讶异："你们可能搞错了，我和女朋友相隔两地，彼此都无时无刻不在思念对方，她很需要我能在她旁边陪伴着她，她希望能感觉到我的气息，因此我送的礼物是一缕呼吸，当她需要我时，她就能够感觉到我的存在，因此我送的礼物是根本看不到也没有重量的气息，她可以拥抱我、可以嗅到我，那6.5克的塑料和几百克的木盒子，都不过是这个礼物的包装啊！”我相信也感应到当男子的女友在远方接到这颗心时，她会紧紧拥抱它，并且感觉到这颗心的跳动。

今天你可以想一想，做一件让你的男友或女友感动的事，你若没有钱买一颗钻戒，一颗红色的气球代表你的心，也有着同样让人感动的效果。我们需要一些感动的力量来滋润生活，就像约你的另一半走进电影院，即使上一次一起看电影已是二十年前的往事，这件事在我们心中不只是那短短的两个小时，而是一辈子难忘的回忆。

除此之外，你一样可以做一件让同事、好朋友甚至自己感动的事，让平淡的生活中多一些乐趣，我会忘了每天到底喝了几杯白开水，但是不会忘记上周有一天我喝到一杯极品的咖啡。

为自己及别人的回忆里，挥下重要的一笔吧。

☑今天，做件让人感动的事。

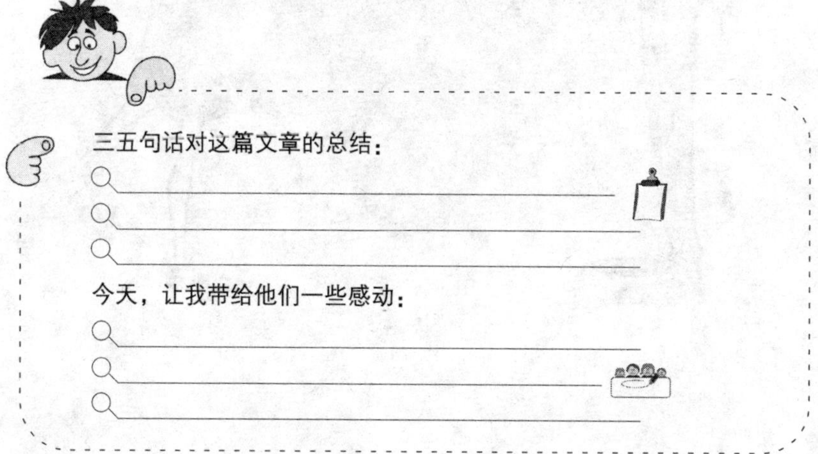

记住他们的生日

上海雨无语贸易有限公司总经理　吴志群

我是一个性格很随和的人，偶尔也会对自己“随和”过头，做事情就不太容易坚持。比如说健身——它其实是一件很枯燥的事情——总是坚持没多长时间就放弃了，办的卡总是用不完。后来想到一个办法，就是约上几个朋友一起去，大家边健身边聊聊天，就不会觉得很无聊了，朋友间还多了交流的时间。后来交谈中才发现很多人跟我一样，之前一个人的健身总是很难坚持很久，而现在和朋友一起，发现整个过程愉快了很多。所以我就建议大家，有些事情很难坚持的时候，可以多约上几个朋友一起去做。

和朋友的交往，我会特别上心。像健身、吃饭的时候，和大家聊天会很偶然得知对方的孩子父母的生日，我就会记下来。对客户也是，要是知道了他们的或是他们亲人的生日，也会记下来。当他们生日的那天，我就会打去电话问候。有时候，都是我打去电话祝福的时候，他们才如梦初醒：哦，今天是我母亲生日，你不提醒我都忘了！真是太感激你了！

我做这一切的时候，并不是为了交情场面，而是真的出于一份很单纯的真心，就是想带给大家多一些的感动。这个时代，人们的生存压力越来越大，一句简单真心的问候往往能比那些物质的东西带给人们更多的感动。

也不知道是不是我有提醒朋友他们家人生日这个习惯的原因，我在自己生日和家人生日的时候，总能收到很多的祝福。

背景链接：

上海雨无语贸易有限公司，专营魔术道具以及承接魔术表演业务。公司拥有中国最著名的魔术师们担当技术顾问。

今天，不说“不可能”

习惯领域我们常常用一个图形来代表，在核心的部分那是我们最熟悉认知的范围，包括我们的专业及经验都是，如果事情发生在这个核心，我们会觉得这是理所当然，如果事情发生在圆周的地方，它属于我们认知的边界，有时候我们没有听闻过，甚至我们会觉得不可能，一个人不学习，见闻就会受限，“不可能”这三个字就会变成一种口头禅。

有一天和内人在家里看电视，节目里是要在三分钟内料理好指定的菜肴，日本的料理比赛节目真的花样繁多，有小学生料理达人、各种菜色料理达人，而这回比的是速度。例如要在三分钟内做好“牛肉汉堡”、“匈牙利牛肉烩饭”……当节目出现参考样本时，掌握家里料理大权的内人觉得不可能在三分钟完成，牛肉汉堡连面包都要自己做，怎么可能呢？当定时器开始倒数时，我的心也跟着紧张起来，只见厨师快速地准备食材，娴熟地使用微波炉制作面包的面团，用平底锅煎肉的同时则准备要夹在中间的蔬菜，就在时间到的前一秒钟，厨师完成了任务并且得到很高的分数。

内人看到那利落的身手直说不可思议，如果能在三分钟煮一道菜肴，那会省了家庭主妇不知多少时间，而这样的身手并非人皆有之，用内人的料理知识再加上参考食谱，要做好汉堡可能不是三分钟，而是至少三个小时，这里面最大的差别在于达人们用了大量的创意，让裁判们都惊叹连连。因此我们说不可能的事情，都是从过去经验所推论的，一

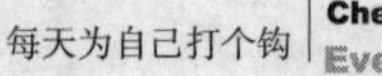

IMPOSSIBLE IS NOTHING

旦加上了“创意”的元素之后，一切都会变成可能。

这种体会也是企业感受甚深的，著名的麻省理工学院生产力研究小组提出一份报告，呼吁美国企业界主管人员在面对充满变化和不可预知的时代，必须打破过去视为理所当然的观念和惯性的思考方式。石滋宜博士一直是台湾产业创新的推手，他强调创新是企业唯一的出路，而创新的关键在于“革心”，在于改变脑海里旧有的典范，培养新的思维，产生新的作为，那些铁律或金律都要检讨，才能做到真正的创新。

一个有生意头脑的人对于“不可能”这三个字会有很高的敏感度，因为从不可能变成可能就是很大的商机，当人们还在铁口直言不可能时，那些人已在默默进行研发，默默地申请专利，然后石破天惊地成为庞大市场的领头羊。

今天就动动脑筋去想想那些你认为不可能的人与事，三十年风水轮流转，一切都是可能的，用这个想法去思考，就像给自己打开开关一样，你会更积极地去想办法，去思考事情的关联性，你会比过去更有实力。

没错，三分钟煮好一道料理，必须要有实力做后盾，必须要融会贯通所有食材及烹调的方法，然后打破常规，用别人料想不到的方法来完成任务。这个节目，好看；这种人生，精彩！

☑今天，不说“不可能”。

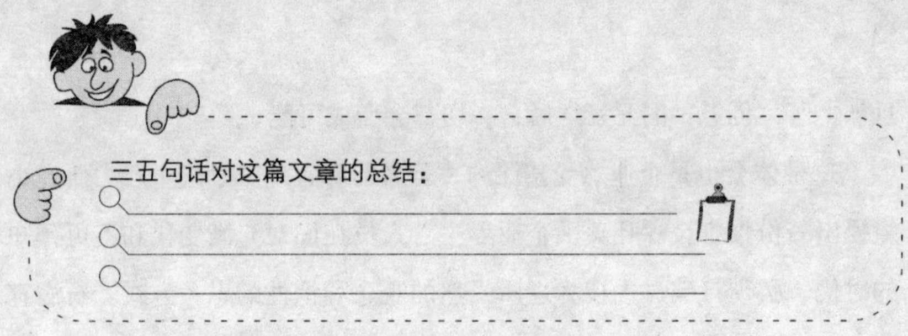

我在鼓励下属的时候，偶尔会套用李宁的那句广告语“Nothing is impossible”，还有一句寓意相近的说法叫“奇迹只属于相信奇迹的人”。所以，也请你多对自己讲这两句话。

奇迹只属于坚持的人

香港／上海金鑫装饰集团总裁　王国宇

回想2005年8月前，对我来说，生命里不可能做到的事情，是戒烟戒酒。

那时，我一天能抽四包三五香烟，早上一睁眼就抽。论喝酒，两斤白酒、十几瓶啤酒、六七瓶红酒，不在话下。在此之前，也无数次想过戒烟戒酒。但商场上应酬交际、加上朋友的推动、自己心理上的推脱，使这个想法总显得不切实际。

2005年，我记得是去扬州公干。一次喝醉了，被朋友抬回宾馆的床上。睡到半夜，扬州的秋意已经很浓了，我被冻醒，想起来洗个澡。挣扎了好几次，想连续翻几个身，却都动弹不得。那一夜，我就这样躺着。心里想，不行，非戒烟戒酒不可。

那以后，我非常坚决。还对自己起了个誓：要是我连烟酒都戒不掉，事业就不会成功。为戒除瘾癖，我想了许多办法。比如随身带着花生米和口香糖，看到别人抽烟喝酒，口齿生津时，就嚼两口，不然就设法回避——实际上这些都不难，最难的是，一开始因此得罪了很多生意伙伴。

有一次饭局上，一位温州女老板敬我酒，和在场的几十个人非要我干了那杯酒不可。她甚至把酒调在调羹里，跪着要我喝。我不喝，她当场就哭了，说从来没人那么不给她面子。这种事，在戒酒过程中我遇到很多，但最后还是坚持下来了。

实际上，即使在这种情况下，说到底，最大的敌人还是你的内心，而不是别人。你要明确这种坚持对你是否有意义，不给自己任何说“不可能”的机会。

戒烟戒酒，也有三四年了。现在我吃全素，韭菜炒鸡蛋是我的最爱。很多人也从一开始不理解我，到现在非常认可我。

挑战生命里所谓的“不可能”，对我而言，是学会灵魂的自我控制，这感觉挺棒。

背景链接：

金鑫装饰公司是中国室内装饰协会理事单位，具高级专业资质。多年来连获“中国十大优秀软装设计机构”、“中国质量万里行”等殊荣。

王国宇毕业于美国BSE商学院第10期，目前正在积极推动他的亚洲商业资源平台，亚商资源整合平台已有数千名会员。

办法一定比问题多

阳光亲子教育推广大使、电台心理辅导节目主持　秋芸老师

现在我每天为“相信办法一定会比问题多”的心态打个钩!

1993年的我经历了前所未有的困难，当时花了5年时间艰辛创办起来的企业因拆迁变得一无所有，因为相信办法一定会比问题多，我克服了困难并走出了困境……

2003年再次经历了生命中难以承受的重创，父亲、爱人相继离世、自己苦心经营了6年的企业因一场莫名其妙的官司而被拖垮，这一年用家破人亡来形容也不为过的事实真切地发生在我的身上；还好我有一个好的心态相信办法一定会比问题多，才使我再一次站了起来，并能够整理心情重新出发……

经过生离死别、事业惨败的经历，我用了整整两年的时间去了云南大理思考何为完整的人生？生存在这个竞争激烈的年代，一个40岁的女人应该何去何从？

思考得出的答案是：我要做一个让人尊敬并能帮人助己的事业，我可爱的阳光女儿给了我思考的灵感，我要开展阳光亲子教育，我要帮助10000个家庭达致阳光亲子和谐成长的境界。

如何做好这个课题，我再一次应用了办法一定会比问题多的心态。

方法一：相信透过学习会找到方法，从2004到2008年间在不同地区参加了100多场的演讲学习，观看大量的亲子教育片，为开展亲子教育课程打下坚实的基础。

方法二：相信生活是最好的素材，与不同国家的老师、不同地区的家长交流探讨，收集大量的亲子信息，让课题更贴近生活，让参与的家长在课程中得到启发和收获。

方法三：与关注孩子健康成长的教育机构紧密合作，从不同方位掌握了解新生代的意识形态，从而找到适合适用的快乐亲子方法。

透过相信运用办法一定会比问题多的心态，我一次次克服了前行的困难，经过4年多的准备，08年起动的阳光亲子课程得到了参与家长的喜爱，相信阳光亲子课程可以让更多家庭享受到阳光亲子的快乐和幸福，希望将亲子教育领进一个崭新的阳光境界。

相关链接：

秋芸老师身兼企业经理人和教育使者两项工作，在历经人生的重大挑战后参加了Money&You课程，在找到人生和事业的平衡及目标后成为阳光亲子教育的推广大使。担任电台主持、杂志专栏作家等多个社会角色，同时也是多家企业的优秀的经营者。

今天，运动30分钟

父亲近九十高龄仍保持运动的习惯，而每天持续的走路照顾自己的健康，也让做子女的少了许多担忧。这几年来我也喜欢上了游泳，每个星期会有一两次在游泳池里伸展自己的身体，我觉得运动不只是强健身体，更是释放压力的一种方式，尤其是一个人过了中年之后，体力急速下降，如果你最近觉得身材越来越走样，从今天开始就要养成运动的习惯。

有一千二百八十万的美国人，每周至少会进行二或二次以上的健身活动，而另一个统计是一个人在二十五岁以后，如果不做适当的运动，男性每十年会失去约十磅的肌肉，而女性在停经前每十年会减少五磅肌肉，停经后则增加到十磅左右。原因在于人体的代谢功能差异，不运动的结果，让我们的脂肪开始堆积，所以街上就出现了一大堆的小腹婆或大肚男。

有些人真的不爱动，如果你仔细观察周遭的人，那些不爱运动的人有几种可能性，第一种是无暇运动，尤其是一些日夜奔波连睡觉时间都不够的生意人，他们不是不知道运动的重要性，但是他们就是没有办法将这件事放进行事历里，即便有放，一旦有他事冲突的时候，他们会立即取消运动的时间，安排一场更重要的会面。

第二种是在个性上较没有自信，或是有社交恐惧感的人。没有自信，有生理及心理上的，譬如他觉得自己的身材不好，不想让别人看

MIN

见，或是个性很内向，没有什么对未来的野心、抱负，不喜欢压力，希望平凡地过日子，在面对不熟悉的人时会感到不自在，这样的人一生当中大概就是稳定的上班族。

个性的不同也有着不同的运动选手，老板们常常相约打高尔夫球，除了晒晒太阳、走走路之外，还可以交换商机；在健身房里，有人埋首于重量训练，一个人照着镜子随时检查自己的肌肉线条；另一种人不论在跑步机或是三温暖的热水池里，总是不断地聊天，而且都会记得对方多久没来了。

我比较建议，要运动还是花点钱加入一个健身中心较适合，尤其是当国内的龙头健身中心也不幸因经营不善而关门时，那些还存在的更需要我们的鼓励。选择健身中心的好处是了解自己最适合的运动，并不是每个人的体能都适合跑步或重量训练，即使适合也要有正确的顺序及呼吸方法，所以问医生及教练是必须的，在国外常常有专属的医生与私人教练，你也需要一个运动教练给你适时的指导。如果你在一家很有规模的企业上班，你的公司可能设有员工的运动中心及游泳池，请好好地善用它，因为它让你省了不少时间与金钱。

如果你喜欢球类运动，如篮球、羽毛球、桌球，就去找一些同好，或是在公司组成一个社团；要不，去练习打太极、瑜伽、练国标舞、肚皮舞……都是时尚的选择；或学习我下了班走路回家，不要给自己过多的借口，正确的运动对现在及未来都有百利而无一害。

☑今天，运动 30 分钟。

三五句话对这篇文章的总结：

5000 米跑道上的总经理

四川省成都市 Willing Media 总经理　陈芝林

每天下班后到楼下的体育场跑 5000 米是这些年来从没间断的习惯，即使刮风下雨也不放弃。

也许这对很多人来说，有点不可思议，首先成都的天气在很多人看来，并不适合体育锻炼，但我觉得这都是人们给自己找的不去坚持的借口。几年来，无论数九寒天，还是炎炎酷暑，我都坚持跑 5000 米，当这成为每天吃饭、睡觉一样平常的习惯时，已经变成我日常生活中不可或缺的一部分。

长跑的过程，首先是人作为个体与大自然、天气斗争，与“不可能”斗争。比如，下雨的时候，常规来讲不太适合室外体育锻炼，但我不想因此而退缩，更不想对自己说有什么是绝对不可能做到的，我偏要去跑，在雨中穿越障碍，快速向前的时候，我就想，人是可以战胜自然界的困难的。身体不舒服的时候，原本动都不想动，但是穿上运动衫站到体育场的时候，还是禁不住跑起来，5000 米下来的时候，发现身体非但没那么沉重了，连病都好了一大半。另外就是超越自己的胜利感，起初我跑5000米可能要30分钟时间，慢慢地提高到29分、28分，现在基本上25分钟就可以了，每一天都比以前的自己好一点点，快一点点。

我长跑的习惯被公司的员工发现了，后来就有人也加入，跟我后面跑，不过他还远远跟不上，跑不下5000米，3000米的时候就败下来了。也许作为总经理，每天跑5000米，多少都是公司的一个趣谈。从某种意义上，我也在利用长跑调节自己的内心，希望自己和我的员工，借此知道，不管外界环境如何变化，我们都要坚持，都不要脱离自己的跑道。

背景链接：

Willing Media是专业的楼宇广告媒体公司，立足成都本地，现网络已覆盖全市各大顶级写字楼、商业中心，并通过自身的先进传播理念和创意思维，赢得客户广泛信赖，有“威领”美称。

在“沙漠”里踢足球

信永国际中国区首席代表　薛文涛

IT行业的工作节奏快、强度大，是公认的。如果平时不注意休息运动来调整，身体会垮得很快。所以，我在工作之余特别注重体育锻炼，足球、羽毛球，我都非常喜欢。尤其是踢足球，从初中那会就迷上了，这个爱好一直坚持到现在，不曾因为工作的繁忙而放弃。

在福州这个曾被戏称为“足球沙漠”的城市里，实际上凝聚着许许多多像我一样酷爱足球的热血男儿。在2003年的五一长假，我联合四支由足球爱好者组成的业余球队，组织了福州五一“抗非典”四国足球邀请赛。从此一发不可收拾，加入我们行列的队伍越来越多，组织的比赛规模也越来越大，最后形成了由多达66支业余球队参加的FAFA（Fujian Amateur Football Association）——福建业余足球联盟。FAFA足球城市联赛每年从3月到12月，每个周末都有比赛，业已成为全国规模最大的足球城市联赛之一。

FAFA联赛的主要比赛场地都在高校，虽然赛事组织很辛苦，但通过足球认识了许多优秀的大学生，和他们在一起同场竞技，我仿佛又回到了大学时代，收获了激情、真诚和快乐。而且，和大学生们在一起，倾听他们的心声，解决大学生成才和就业的困惑，恰恰也是我在信永国际的努力方向。

背景链接：

2009年，信永国际将联合业界巨人IBM等公司，共同推动“大学生软件人才实训项目”在福建省高校的落地实施。薛文涛本人通过自身在大学生及广大活动爱好者中的卓越号召力和领导力，为学生走向社会搭建桥梁，目前正在积极推进福建省“百企进百校”活动以及“大学生IT就业桥梁工程成才计划”，以解决大量福建大学生就业困难和产业人才缺乏等社会问题。

今天，穿一件让自己高兴的衣服

一般而言，当讲师的要十分在意自己给学员的形象，所以在表达沟通的训练中，都会谈到如何穿着让自己更加专业，例如对男士要求的是西装、女士则是套装。只是最近自己越来越崇尚自由，算算一年之内，真的穿正式西装的次数恐怕不到十次，我觉得和心情有关，一个很随和与自在的人束上了领带，就会有距离感，包括和自己与和别人的距离。

一个符合自己特色的衣服就能穿出自己的品味。美国钢铁大王卡内基小时候有一次经过一个尚未完工的摩天大楼建筑工地，刚好在工地内，他看到衣着华丽不凡的老板正在调度工人，卡内基以很羡慕的口吻问这位老板："我长大后要怎么样才能有你这样的成就?""首先要勤奋的工作。"这位老板很自信的回答。

"还有呢?"卡内基又问。

"买件红衣服"这个答案让卡内基十分不解，两眼直望着对方，这位老板继续说："你看这些工人都是我的手下，他们清一色的都穿着蓝色的衣服，所以我一个也不认识。"说完他又特别指向另一位工人："但你看那个穿衬衫的工人，我长时间观察他，他的学历和其他人都差不多，但是我总是会特别留意到他，注意到他完成事情的细节，如果我要提拔人，他将是我第一个人选。"

这个故事将一个人的服装引导到品牌的概念，在台湾一些知名的出租车车队十分注重驾驶的形象，所以要求驾驶员都要穿衬衫、打领带、甚至要求戴上白色的手套，仿佛一台普通的小黄突然变成了礼宾车，当穿着这种服装开车，司机们也会更有礼节，懂得以客为尊，即使出租车资不断地随油价调升，我们其实更在意的是服务的态度上有没有同步的增加。

在重要的场合穿上自己喜欢的衣服能够增加自己的信心，这种信心可以运用在演讲、上课或是谈判上，有时在上节目时更是如此，如果心情愉快，我会有很好的反应力，我有一位同样是培训界的讲师朋友，一个星期工作五天，他会在周日时把一周的衬衫都烫整好，各种颜色及款式的衬衫，他会依当天的活动安排设想。如果那天工作量很大，也有些重要的课要上，他会选择最喜欢的那一件，因为这一件过去战果辉煌，常常在最需要的时候带给他好运，也因为要穿的衬衫都已按日期排好，在早上就不会为要穿哪件衣服而烦恼，一个从容的开始，带来的是充满活力的一天。

不论你是男生或女生，你有一件“幸运服”或“战袍”吗？没有的话，今天立刻去买一件会让你觉得高兴的衣服。

☑今天，穿一件让自己高兴的衣服。

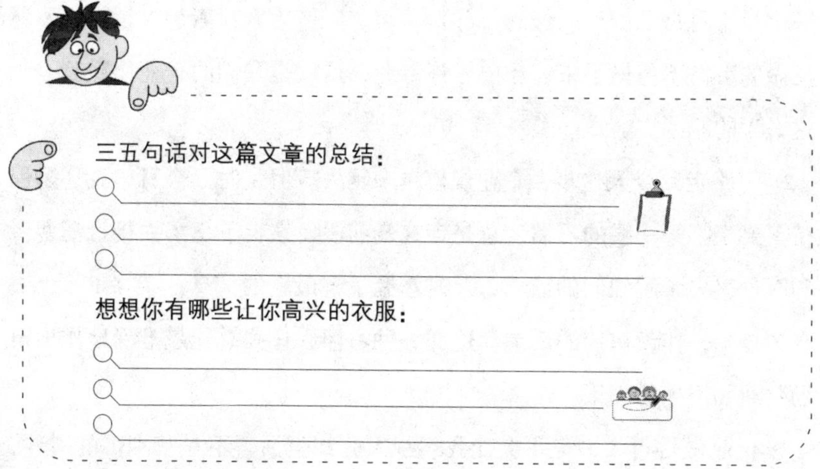

“海鲜皇后”的简单幸福

大连晓芹食品有限公司董事长　王晓芹

十一年前，在大连商场的一个柜台，两个鱼缸三个人，开始了我们的创业——卖甲鱼。虽然人们都知道甲鱼很有营养，但那时候甲鱼还没有进入大连老百姓的餐桌。我们开始找原因，为什么老百姓明知道是好的东西但是消费意愿不强呢？后来通过一系列的调查访谈，发现价格并不是最主要的原因，老百姓不知道在家如何很好很方便地处理甲鱼，不敢杀不会杀不会炖，这些才是阻碍他们消费的最大原因。

在获得这一信息之后，我们就从为消费者解决这个问题入手打开了我们的客户源。老百姓买我们的甲鱼，我们会帮他们处理好，让他们回到家就可以直接炖。看似很小的细节，但是我们反复把它做到极致，最后，我们有了自己独家的甲鱼“四步去腥法”。十一年来，我们要求每一个员工对自己的产品做到百分百了解，坚持为客户着想，把别人不愿意做的事情不但做下来，还要做到专业，这就是我们的企业能做到今天这么大的原因。

一路走到今天这步，企业规模越来越大。但是时至今日，我还是保持了要亲临第一线的习惯，总是走在最前段，亲自下卖场去接触消费者和客户，去了解他们的需求，及时掌握了解最新的信息；亲临工厂，去掌握技术，作最快速的反馈。这样一种习惯，让我总能最准确地作出市场判断和正确的决策。

企业做得再大，也不会让我忽视家庭和生活。不是特别忙的时候，在家孝敬孝敬老人，或者去逛逛街给自己买件漂亮衣服，或者到大连的海边去游泳晒太阳……这样的生活，简单却让人觉得很幸福和满足。

背景链接：

大连晓芹食品有限公司，是大连海参业龙头企业之一，其海产品驰名全国甚至全世界。作为大连乃至山东远近闻名的“海鲜皇后”，王晓芹开创并推动了“四步去腥法”等海鲜食用方法，推动了行业的健康发展。

今天，请作最坏的打算

培训讲师有三种，一是大企业人力资源部门的训练讲师，他们负责公司内部的职前训练或在职训练；另一种是自由讲师，这种人可能也是个作家，比较像个体户或SOHO族，一部电话就可以做生意；另一种就是专业的训练机构或管理顾问公司，里面股东的组成可能包括不同类型与专长的讲师，这种合作的方式有点像律师事务所，他们除了有讲师钟点费的收入之外，还有公司的红利，虽然钱可能赚得比较多，但是付出的心力也大。

不论是台湾或大陆，跑单帮的自由讲师应该最多，有的是原先在企业当内部讲师的，后来经验多了以后决定自己出来自立门户；也有些是公司的高级主管或总经理，本身累积了许多实战经验，再加上个性很喜欢分享，原来只是兼差的，后来索性为了更自由的工作环境，跳出来自己当讲师。这种工作类型很像专门跑通告的艺人，一通电话，费用谈定，到时就得准时出现，然后结束时领钱走人。行情好时，各节目争相邀请，也可能好几天在家里等不到一通电话，所以艺人的工作会有不安全感，甚至患上忧郁症，有些艺人为了长治久安，都会想办法投资副业，希望当不在舞台上时，经济不至于断炊。

不在舞台有几种可能，一是年龄大了，被后生取代；二是观众的口味变了或是烦了；三是发生了意外，丧失了工作的能力。其实前二者还好，最可怕的是第三种，因为它不会事先通知你，会让周遭的人完全不知所措。

我也常常会有这种危机感，因为自己是家中主要经济来源，当有一天我丧失工作能力时，我是不是已经尽到了一家之主的责任？是不是能让家人不为生活烦忧？当你走在路上、开车在高速公路上、或是全球最大的客机上，你都要很严肃地思考这个问题，对于意外的发生，你真的要戒慎恐惧，因为有最坏的打算，我们才能在工作中无后顾之忧。

首先是保险，你的保险额度够吗？不论寿险、意外险、医疗险……的额度再检查一次，找你的寿险顾问来研究一下。如果你还有股票、基金、债券、不动产等的投资，去了解现在的收益情形，你才真的知道你与过去十年相比较，资产是增加还是减少？你的银行存款是否有6个月生活开销的基本金额？多余的现金有没有更好的用途？再来安排自己与配偶的健康检查，随时了解身体的状况，同时要训练另一半接受生命的无常，要培养兴趣，增加独立性。

如果意外大到我们的生命将不复存在，我们会选择用什么样的方式谢幕？你希望住在山上还是海边？

这些遥远的问题总是飘浮不定，但是电视新闻里对意外的报导却从没有减少，给自己一些时间找到答案，然后告诉你的另一半，那么即使今天是最后一幕，你也不会担心与遗憾。

☑今天，请作最坏的打算。

三五句话对这篇文章的总结：

你对人生最坏的打算是：

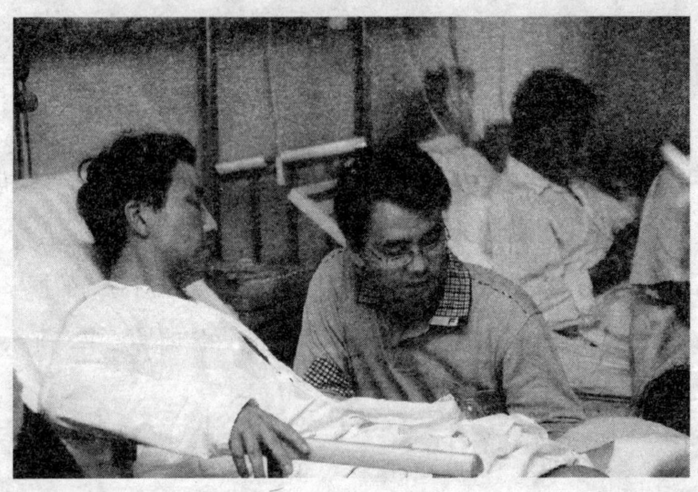

2008 年 5 月的地震，是全国甚至全世界的一次灾难，实践家组建了精英讲师团，挺进前线，给灾区送去物资，更由心理咨询师帮助人们早日走出灾难的阴影。参与赈灾的讲师李海峰说：“这次地震对我们每个人也是一次警醒，它说明我们在享受生活、正面思考的同时，还需要作坏的打算和防范，不让自己的人生太脆弱。”

最好的努力和最坏的打算

全球第一大人才测评软件DISCus行为研究中心执行长 李海峰

2008年这一年过得太快。太多的喜怒哀乐集中在短短300多天之中，有时回过头去，甚至有不能承受之重。据说人脑最重要的功能便是遗忘，忘记痛苦比记住喜乐更难。在年末的这一天，我忽然有了更多的思绪与共鸣。

“5·12”灾难的发生，让每个华人甚至每个人类心中都满载沉重。我们见证了生命的脆弱，因为一瞬间便能失去最爱；我们见证了生命的坚强，因为幸存者还在努力地朝着幸福的轨道靠拢。在最初的哀恸之后，每个中国人想到的都是重建、救助与责任。许多年轻人跑来和我说，他们一定要去灾区尽力，否则将一生自责。我不得不一次又一次地感恩他们的成长以及拒绝与说明——组织救援的目的是有序而有效的帮忙，而不是增加当地的补给与交通负担。

进入灾区前，我们原本以为已经做好了周密的规划准备。但是，当恐慌、哀伤和茫然的气氛像潮水般扑面而来，一切还是远远超出我的预期。满目瓦砾废墟之中，广播在一遍遍绝望地呼喊着失踪人口的名字，在那样世界末日般的气场中维持自己的理性与客观，比我们想象中要困难得多。我的同行者事后都有失眠和心理受创的迹象，陆续需要接受辅导。但是没有一个人后悔过自己的付出。

新的一年将至，遗忘那些哀伤的情绪，“WUSH”掉它，我们要重新回到正常的轨道，和我们爱的人以及爱我们的人继续生活下去。同时不要忘记持续关注幸存者。他们的残肢需要修补，他们的家园还正在重建。

对于我个人，除了尽己所能帮助弱者，也在忙于工作的同时，更多地记挂家人。有时甚至都会想，每次飞机起飞，我的保险受益人——妈妈和太太，假如不幸失去我，将得到怎样的保护。

作最坏的打算，我想，这并非悲观失望或杞人忧天，而是怀着对生命最周全的假设，为能让自己和所爱的人趋吉避凶，做足努力。

背景链接：

李海峰，80后财富新贵研究专家；中央电视台2套商务时间特约评委、中央电视台《赢在中国》赢家进阶学院教官、西安首届创富实践家青年创业大赛专家评委、南宁电视台《搞定100万》专家评委、北京大学案例研究中心认证讲师。人力资源培训专家、“DISC顾问技术”讲师、“百企进百校”全国公益活动发起人。

个人主页：www.higherfly.com

今天，赞美你很少注意到的人

以前李敖还在“立法院”担任“立法委员”时，有一次和媒体说台湾的情报单位对于一些重要人物都会监听，就连国会的“立委”也不放过，他大胆地发现与推论，在“立法院”打扫委员办公室的阿嫂就是派来卧底负责监视李敖的，话才刚说完，刚好阿嫂拿着清洁工具从旁边走过，一脸的无辜样，把一向咄咄逼人的李大师搞得很不好意思。

当然这是李敖惯有的幽默，不过这让我想起一个故事，有一家知名的医学院要举行毕业考，对一个在医学院读了七年书的准医生而言，这是一次验证自己能力的大好时机，每一个人都充分地苦读准备，并且期许自己未来能成为一位有使命感的良医。

考试卷发下来了，每个人都振笔疾书，可是却没有一个人可以提前交卷，几乎每一个人都卡在最后一题，大家都在拼命地回忆答案，不过这一题却没有人能答出来，这一题其实应该是最容易的：“请问在医学院大楼每天为大家打扫卫生的那位妇人叫做什么名字?”在毕业考试中，教授要告诉这些很容易志得意满的准医生，医学的技术很容易，难的是一位医生对人的关心与尊重，这才是成为医生最重要的一件事情。

除了打扫的人之外，我们也一定会有一些你平常根本不会注意到的人，像是公司的总机或接待，进入停车场所碰到的警卫，还有公司或住家大厅的保全人员，另外像你的秘书或助理，她们虽然与你很接近，但是也可能是最容易被你忽略的人，给他们一些赞美，对这些人而言可能会觉得有些意外，但是他们一定会在心中感动万分的。

有许多公司是不准上 MSN 的，不过我的公司员工都被要求要有一个公司规定的 skype 账号，因为大陆各地有十多家分公司，所以只要一上网就可以看到大多数员工上班的情形，账号上会注明是哪一家分公司、负责的部门，如果有事要问，只要轻点两下就可以通话，这对于电话费及时间成本可以省不少，如果不习惯用话语表达，也可以输入文字或选择一些心情图案发给对方，要表达赞美的方式也越来越多了。

赞美是要具体的，而且最好针对特定的事实，我们当然可以说："你做得很好!"但如果你说："今天下午你接的那通电话表现的服务态度非常好，客户都觉得很感谢，也都想认识你，我想全公司都要感激你。"我相信这位工作人员，在未来会用更高的标准来要求自己，这就是正面回馈的力量。

现在你可以想想哪位员工是你想要赞美的？也顺便打听一下，帮公司清洁的那位先生或女士叫什么名字？

☑今天，赞美你很少注意到的人。

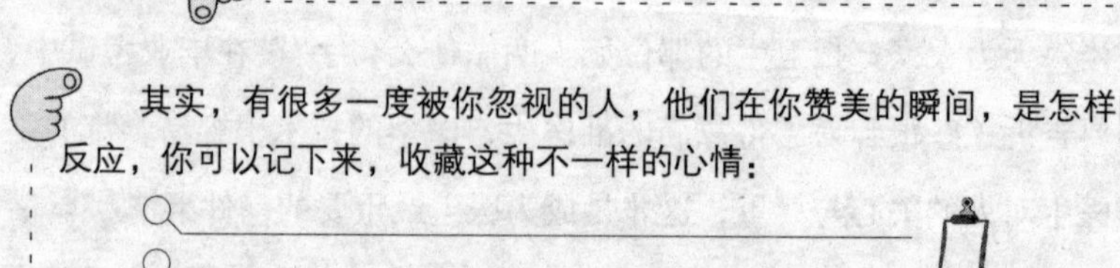

其实，有很多一度被你忽视的人，他们在你赞美的瞬间，是怎样的反应，你可以记下来，收藏这种不一样的心情：

人人都是NO.1

上海势必达运动服饰有限公司　王立新

我是一个很喜欢看书的人，尽管工作很忙，但每天回家后都会抽一两个小时看看书。有一个特别的地方是，我不会等把一本书看完后再开始下一本，而是每天会随不同的心情或者需要来看不同的书，以此来帮助自己，平衡自己。例如，需要舒缓心情的时候，会看一些佛学类的书；金融危机带给公司一些冲击，我会看一些经济管理大师的讲述如何应对金融危机方法的光盘……

我喜欢和我的员工分享我看书学习的心得。前一天的心得，我会通过手写的方式把它们写成信，然后贴到公司的公告板上。这是拉近我和员工距离的很好的一种方式。现在员工在开始一天的工作前或者在中午休息的时候，都会特意地跑到公告板前去看看，老板今天又有什么新的“思想动态”。

现在，公司的公告板下又多了两个投票箱。这是因为公司在年底展开了一个评选“公司年度十大新闻”和“公司年度十大新闻人物”的活动。今年是第一次做这个尝试，上个月才告知员工有这么一个评选。可能之前大家没什么准备，也就没特别留心公司里的“新闻”和那些“新闻人物”。今年，能选几条是几条。明年我们会继续评选，那么我相信大家在这一年当中就会更加关注身边的人和事。多了关注，就多了发现他们身上闪光点和优点的机会，整个公司的气氛会更加融洽。就拿我来说吧，活动开展以来，我就会比以前更多地带着发现的眼光去看待我的

员工，结果，我发现他们每一个真的都很优秀。

背景链接：

上海势必达服饰有限公司是一家专门从事服装出口的贸易公司。产品出口澳大利亚、欧洲和美洲，并为世界著名的授权品牌指定供货商。王立新的“人人都是NO.1”的指导思想，使她在服饰产品打造中，做到真正的“以人为本”，尊重个人的品位和选择，并鼓舞人们以坚持自信、自我主张赢得美丽、成功和幸福。

今天，特别注重细节

在细微处，最容易让人脱颖而出。

福特在大学毕业后到一家汽车公司应聘，和他同时面试的还有三四个人，不过这三四个人的学历都比福特高，当前面几个人面试完以后，福特心想大概已没有录取机会了，不过既然来了，还是硬着头皮让自己增加一些经验。于是他深呼吸了一下，轻敲董事长室的门，进去之后他发现门口地上有一张纸，他弯腰捡了起来，发现是一张废纸，便顺手将它丢进了字纸篓，然后走到董事长的桌前："你好，我是来应征工作的福特。"

董事长看着眼前的年轻人："你好，福特先生，恭喜你，你已经被我们录取了。"福特觉得很不可思议，问道："董事长，我觉得前面几位的条件都比我好，你怎么会最后决定录用我呢?"董事长回答："福特先生，前面三位的学历确实比你高，外形也较佳，但他们只注重大事，却忽略了做事的严谨，那张纸只有你将它丢进了字纸篓，我认为一个敢于把小事做好的人，将来才能有为大事承担的能力，所以我们录用你，也相信你会是我们不可多得的人才。"

福特从基层干起，后来将这家公司改为福特公司，他也让美国在他的那个世纪成为经济的强国。一张纸的细节，让一个国家成为世界的领航员。

细节也在成本里，创造利润与节省成本都是获利的方式。

过去一年至少有五十次在香港机场转机，这是全世界有名的新机场，在东西翼的登机楼，你几乎可以看到全世界各个国家的飞机，你可以欣赏每家航空公司的标志，从机身到垂直尾翼的设计，有些会让你赞叹，也有些会让你觉得太过单调古板，飞机的样子也是一种企业形象甚至国力的展示。除了载客的飞机之外，各公司还有货机，而全世界的货机都在想办法瘦身，原理和车子一样，车子越重越耗油，在油价成本每天都在创天价时，让飞机的重量减轻就能减少耗油，而能瘦身的地方就是机身的涂料不再花花绿绿。

根据波音公司的资料，一架 747-400 型的巨无霸飞机，三层涂料所用的漆料，约要 300 公斤以上，但飞机若只涂第一层的防锈漆，可以省下 200 公斤的重量，200 公斤对总重 200 公吨的飞机而言实在是微不足道，但按现在的燃料费用来估，每年就可以省下 600 万元的成本，这就不是个小数字了。若再把机舱内装行李的行李柜用更轻的材质来制作，在每个省 30 公斤的情形下，若机队里有 100 架飞机，则一年可以省下至少 1 亿 4000 万元的燃油费用。

商人们降低成本是正常的，飞机的外观其实大多数的时间是给“鸟”看的，只要不变成牙膏机就好。因此当有一天在不影响安全的情况下，飞机的椅背及椅垫变薄了，请不要太意外，因为这也是航空公司锱铢必较的结果。

今天有哪些细节是我要特别注意的？有没有可以更降低成本的做法？不要忘了省一块钱也是赚一块钱。

☑今天，特别注重细节。

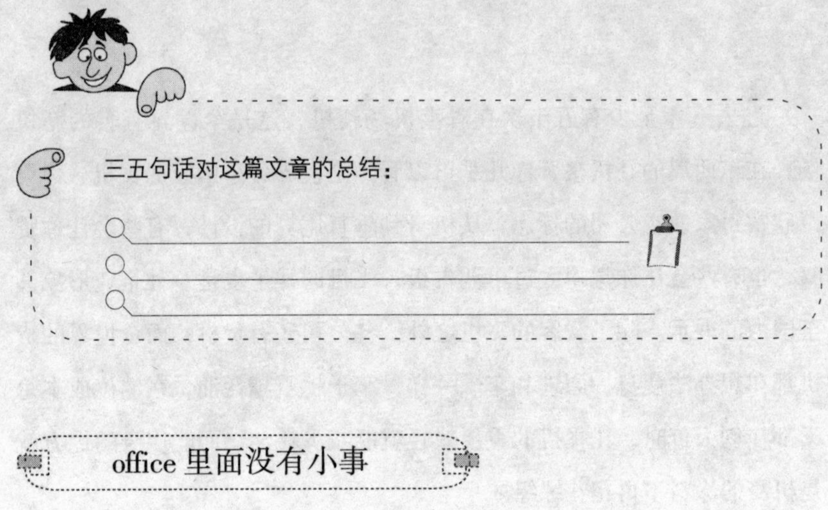

office里面没有小事

安徽省华兴置业董事长　张卫国

作为管理者，很多时候会强调抓大放小或者不拘小节，这是对的，是管理的方法或“术”。但我认为，一个优秀的人，即便在细节上，也是时刻严格要求自己的，这是“道”。我从以下几点促进自己的不断完善：

第一，早起的习惯从来没有改变。我每天都会准时上班，也许很多人都觉得，做了董事长不必按时上班的，一方面工作性质要求更多的时间是在外面的，或者晚上应酬的也会比较晚，很难早起，另一方面公司对董事长或总经理的上班时间不做要求。但是，我不出差或外出办事的时候，严格要求自己必须要早起，准时上班，这个习惯不仅让我自己的工作效率明显提高，也使我的员工一样地严格要求自己，对整体的工作氛围都有很好的作用。另外我还会利用早起的时间打坐，这个习惯坚持了大概有10年，从没有放弃过，它对我保持内心的宁静和思想提升，也有很重要的作用。

第二，戒烟。以前我是抽烟很凶的，但是自从公司收购了一家纺织厂，在这个特殊环境中，大家都会尽量避免抽烟，起初，我工作忙起来，特别是决策有压力的时候，还会禁不住点起烟，但发现身边其他同事几乎都不抽烟了，就要求自己一定要戒，不能带头破坏工厂的规矩，这样就真的戒掉了。

背景链接：

张卫国，中国建设教育协会房地产专业委员会副主任，安徽大学兼职教授、安徽东泰纺织有限公司党委书记。张卫国不仅集众多角色于一身，更以跨行业经营为人所知，他对自我的严格要求、对细节的完美追求，是不断突破行业和自身角色发展局限的关键，创造了个人和企业发展的更多可能性。

今天，先做应该做的事

课上久了，常有些老板对我所谈的观念认同时，都问我可不可以到公司当顾问，说实话我未答应过，但是如果与这个老板觉得投缘，只要排得出时间，我都很愿意交换一些意见，有时候当朋友时说话会比较客观也没有负担，还可以不限定议题，天马行空地开讲。

那一天到台北基隆路餐厅赴会，请客的是一家公司的总经理，他想问我为什么办公室里上上下下都很忙，但是绩效却没有办法提升，每次看到员工都加班到很晚，做总经理的也不忍心苛责，这个总经理问我到底是员工的素质有问题，还是他的管理有问题？我说恐怕都有关。这里面我们聊到了公司的时间管理、组织文化、教育训练等等可能性，不过这位总经理觉得最接近事实的是每个员工个人的工作态度或习惯，因为每一个人在做事时都会有选择性，这是人性的一部分。成功学大师金克拉曾表示，人类都有一个倾向，喜欢做自己想做的事，而不是自己应该做的事，而且我们会花较多的时间给前者，却用应付或意思意思的态度，让人感觉我们有尽力在完成这一件事情。

后来我们还把这种人性延伸，觉得很有趣，例如我们去豪华的自助餐厅吃东西时，我们会忘记医生或家人的提醒，盘子里尽是我们想吃的、爱吃的，而不是我们该吃的，那些该吃的食物往往是我们最不喜欢吃的东西。我也说当我下班回到家时，我会喜欢看电视、埋首于写文章，而不是做我该做的事。那什么是我该做的事呢？就一个“儿子”而言，应该向父母请安、关心他们的生活；就一个“先生”而言，与妻子分享生活感受；就一个“父亲”而言，去关心孩子在学校的生活。所以有些事情是你必须去做的，不管你喜不喜欢。

业务人员应该要每天开发新客户，不管你喜不喜欢。有人曾经问过在寿险界知名的百万圆桌会员（MDRT）的总会长吉姆·罗杰斯成功的关键，这位传奇人物说最重要的是“持续进行每日例行性的工作”，在过去二十五年的工作经验中，罗杰斯始终坚持每天平均拜访四位客户，而这就是获得财富最大的秘密。

那对一位总经理而言，什么是总经理想做、什么又是该做的事呢？想做的是如何打开市场、如何比竞争者更快掌握未来的商机；喜欢做的是打高尔夫球、抽雪茄、品红酒；但总经理该做的是关心员工、了解员工的真正问题，并且适当地提出愿景、激励员工……结果这位总经理发现这些该做的事，他几乎一件都没做，所以他决定隔天开会时要分享这个发现，他希望大家都能先顾好应该做的事情，而不是只专注在喜欢做的事的乐趣上。知名的心理学家威廉·詹姆士说：“每个人每天都应该做至少两件自己讨厌的事。”没错，该做的事往往是你逃避讨厌的事，但依然能把这些事情做好，这才是了不起的人才。你是吗？就从今天开始要求自己吧！

☑今天，先做应该做的事。

今天，我想做的事：

○

○

○

今天，我应该做的事：

○

○

○

曾经我的公司有一个很孩子气的员工，尽管她工作的态度一直很认真，还经常加班到很晚，但在年终评估的时候，她的主管领导还是无可奈何地对我说，她总是喜欢做的事情就加倍投入，做得非常漂亮，一旦没兴趣的项目，一拖再拖甚至错误百出，领导都不知道该拿她怎么办。

后来，我找这位员工谈了一次，告诉她每天早上到公司先在座位前贴上两个便利贴，一个记上应该做的工作，另一个是最想做的内容，但每天要做完前者再做后者。几个月过后，这位员工跟我说，“老板，我现在已经不再需要便利贴了。”这个办法，对你或你的下属，是否也适用?

有效时间管理赢得一切

四川省成都市主慧堂主道空间总经理　陈正涛

要在管理好事业的同时拥有幸福美满的家庭，还要有属于自己的时间和空间，对于当代的都市人群来说，可不是一件容易的事。为了实现

效率

这一目标，我从三个方面规范自己：

一、在事业上，规划是每天的必修课。每天早上我会早点到公司组织例会，组织工作流程安排，我要求员工每天在开始工作前，先进门户网站浏览信息。然后我会把一天的工作列在本子上，秘书也会根据本子的记录时刻提醒我，这个习惯，多年来一直坚持，帮我在最有效的时间，完成最重要的工作，从而不断提高公司效益和自己的能力。

二、上一习惯也帮我改掉最初昼夜颠倒甚至昼伏夜出的工作和生活作息，恢复健康生活状态。让我从杂乱无章中摆脱出来，有更多的时间享受家庭温暖。我几乎每天工作结束时，都要给父母打个电话，周末一般都会去看他们，给父母做饭，陪他们聊天。

三、忙里偷闲享受生命。我喜欢美食，喜欢体验不同菜品和口味。有空，我还会摆弄收藏“宝贝”——那些机械设计类的小玩意儿，创意的家饰，金字塔造型的音箱，还有我亲手组装的超时尚电视机。但凡有空，我都会待在自己的制作间，抱着电钻，像车间工人，更像充满好奇心和创作力的孩子，鼓捣我的新发明。

背景链接：

主道空间是专为客户提供定制式商业空间服务的提供商，采用国际化前沿设计及原创思维理念。陈正涛对时尚的敏锐度、对生活细节的重视及实用的生活 DIY 精神，使企业在创新经营、创意思维方面实现不断的超越。

今天，爱你的同事胜过你的职位

一位朋友担任一家公司的高级主管，公司高层通知他因应劳动合同法的施行，公司必须裁减员工人数，而朋友所负责的十人部门，必须要在两周内决定有哪四位必须离开，他告诉我那是他人生中做过最难的决策。这些员工大多数都已共事五六年的时间，大家有很好的团队默契与分工，除了同事关系之外也变成生活中常常往来的朋友，这期间即使有竞争者想来高薪挖角，但是这些人都不为所动，因为一个愉快的工作环境比薪水更重要。

这些部属知道公司政策势在必行，了解主管的为难，有些人还私下找主管说愿意成为那个被裁的人，因为自己家里的环境还行，有些同事如果没有了工资，恐怕连房租都付不起，如果再找不到新工作，恐怕就得回老家了。最后朋友找到一个时机把大家都集合起来，他说："这是我第一次讨厌这个工作职位，因为我必须作一个很痛苦的决定，因为我爱大家更甚这个职位……"话还没说完，一堆的人就落下泪来，友人说他讲了一半也哽咽地回到自己的办公室，过了一会儿，把部属一个一个叫到里面，告知最后的结果。

朋友告诉我当他宣布完后，那些留下来的人都紧紧地拥抱那些准备离去的同事，而且还热心地打电话给他们的朋友，推荐这些人的工作能力，虽然有些依依离情，但却因为这些心意而少了些感伤。

当朋友说到"爱同事甚至超过这个职位"时，我的心中一怔，觉得这是在领导团队中非常重要的一句话，一个拥有权力的人，应该更要有仆人的精神。这种精神发挥最大极致的应是美国西南航空公司，这家公司被《钱》杂志列为三十年来投资回报最高的公司，西南航空致力于给员工一个稳定的工作环境，赋予公平的学习成长机会，鼓励员工提出创新的构想，最重要的是，员工在公司内会得到像西南要求他们对待顾客一样的关心、尊重与照顾。为了达到准时起飞的要求，飞行员有时也会帮着行李工搬运行李；在感恩节前夕，公司的CEO也会跟着一起装运行李，那时大家都没有了“职位”，主管照顾员工与照顾客户的心是一致的。

如果这句话是对的，那么我们应该偶尔拿掉我们的职位，你的权力是给部属一个很能发挥才华的工作环境，是要让团队产生综效，而不是独断性的支配，毕竟有优秀的部属，你的职位才保得住，学习像个仆人，你越有服务人的能力，你也越容易得到别人的信任。就从现在开始，用不同的角度来看待部属吧。

☑今天，爱你的同事胜过你的职位。

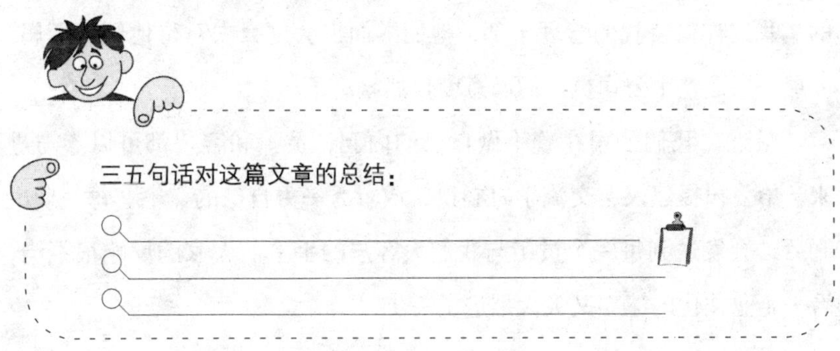

与员工一起成长

济南荣昌木业有限公司董事长　李龙生

每一个企业家关注自己企业所在行业的动态，是一项必修的功课。很庆幸，我有很多学习的机会，能够经常参加北京、上海等许多城市的高端会议，包括国家发改委主办的会议，行业内的交流会议，中国经济学家年会等等。通过这些交流学习，做到了与时俱进，与时代同步。

当然企业老总一个人的提高并不代表整个企业的提高，老总要懂得通过自身的提高去推动整个企业的进步。要实现这个目标就是要懂得分享，我并不害怕我的下属能力超越我，所以每次出去学习回来后，我都会最及时地和管理干部分享学习到的内容，并和他们一起讨论总结。通过这种交流分享，既能让公司的整体管理业务水平得到提高，又能融洽和干部之间的感情，让干部感觉到，你爱他们是胜过爱你自己的职位的。我这样对待我的管理干部，他们继而也会这么去对待他们的下属。一层一层，整个公司员工的满意度自然就高了。

最近，我们公司在着手做自己的内刊，员工和客户都可以参与进来。给公司提建议，交流学习心得，或者秀一秀自己的文笔。每一期出刊后，会发送到每一个员工与我们大客户的手上。大家的反响很不错，看来企业文化的建立又大大推进了一步。

背景链接：

济南荣昌木业有限公司是以生态文明、林木基地开发为主，以生态农业、中草药种植、旅游观光为辅的林板一体化实体企业，以超前理念笑傲行业之首。李龙生一贯倡导管理者与员工共同发展的精神，使个人和企业不断赢得成长和突破，适应集成式、前端式行业发展需要。

今天，学习与压力握握手

人没有单一的压力，它是一个结构，在同一时间点上，你会有工作的压力、健康的压力、家庭的压力等，随着目标的转换，我们都习于处理及面对那些压力大的事情，如果有些压力会让你感觉无能为力，有些人也会选择用逃避的方法。

像四十多岁的族群可能已有了良好的社会地位、有令人羡慕的收入、家里有贤惠的妻子，在外人看来他应该很满足了，但是父母常常有争执、孩子的叛逆都可能是心上不为人知的大石头，有些压力只能一个人独自叹息。我有位女性朋友，有着靓丽的外形，做事情很有行动力，也很热心，感觉她应该是像太阳一样给大家光和热的人，但是有一天她来找我倾诉心事，我只问了两句，这女生竟忍不住落下泪来，她告诉我最近状况不是很好，常常莫名其妙地感伤，以前就有忧郁症的病史，现在又开始服药。我念国中的女儿，进入到少女的叛逆期，有时会觉得大人的想法超怪异的，觉得日子过得很烦很无聊，她们一样有着成长的压力，过去我们很单纯地只有联考的目标，现在她们的环境显然比我们以前复杂，压力更大。

我不是很喜欢压力的人，尤其是在帮企业上压力调适或情绪管理的课时，我更发现不让压力发生是我面对压力的方法，当真的压力来时，我一样会很不舒服，会烦躁，直到事情有所转寰。不让压力发生，就要将行动放在更前面一些，写作十年或是每个月的专栏，我从来不用编辑催稿，严格的自律及时间管理，让我的专栏文章都有至少两个月的安全存档，即使临时要多一篇稿子，我也绰绰有余，而写日记的习惯就提供了我写文章的题材！

要准备一个较少讲的题目，我也会紧张，但准备比原先备课更多二分之一的内容是最安全的做法，多准备一些好笑又有意思的故事，会让你有份有备无患的安全感，而这个讲题如果场地讲多了，你也会越来越容易掌握哪些点会有现场效果，所以重复练习，从不熟悉到熟悉，这些都是不让压力产生的方法。

有许多企业把正面面对压力视为选才的标准之一，因此面试官往往会问求职者是否是拥有挫折经验的人？他们希望从你的答案中去发现在对抗压力时，你是采取积极的行动还是别的方式。我们让压力助我们脱胎换骨是对的，但降低标准与期待，学习在压力中放自己一马也没什么不好，把自己逼得太紧恐怕会让周遭的人受到更大的伤害。

如果今天你的工作或生活都碰到了无比的压力，那么就要学习与压力和平共处，如果是你可以掌握的压力，就试着在压力中让自己更好，保持平常心，但加快自己的步伐；如果是突发的压力事件，就要靠平常的修炼，包括阅读、信仰、运动、良好的人际关系与未雨绸缪的规划，就能派上用场了。

压力是前进的动力，也是反省的触媒，如果你此刻一点都没有压力，也代表你可能脑子一片空白，心中完全没有方向，那恐怕才是最可怕的问题，因为人一定有渴望，有渴望就一定会有压力。

☑今天，学习与压力握握手。

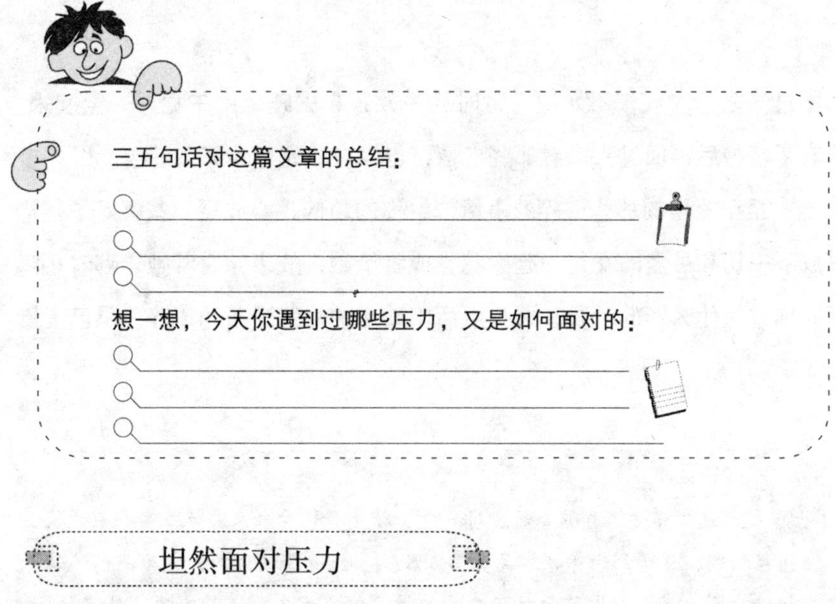

坦然面对压力

宁波红邦纺织有限公司　杨升东

现在人们都在感叹，生活的幸福指数越来越低，各方面的压力越来越大：人际交往的压力，工作的压力，家庭的压力……但我总觉得，这些都是我们自己把问题看严重了，其实解决这些问题并没有那么难，简单一点，幸福也可以很容易。

拿人际交往来说，我觉得怀着一颗宽厚与真诚的心去和对方沟通，对方也会真诚地给你反馈。也许有人会说，并不是所有时候都是这样，也有不和你将心比心的人。是的，可是那样的人值得你去继续交往吗？

想在工作上取得一些成绩，不面对压力是不可能的。有了去面对压力的思想准备，当它们来临的时候也就不会那么手足无措了。保持一颗乐观的心对压力也很有帮助。事情往往很微妙，你越是惧怕它，它越是在你身上停留得越久，当你越藐视觉得一定可以克服它的时候，它反而不会在你面前那么嚣张，很快就会过去了。当然有些事情实在压得你喘不过气来的时候，不妨把它暂时放一放，先去睡个中午觉，一觉起来，有了精神后再回过头来看那些事情，也没有原先想的那么糟糕。

至于家里的那些琐碎的事情带给你的烦恼，心放宽一些就好了。当放下一切和可爱的女儿一起涂鸦，或者给她讲故事，看着她老嘟着小嘴问你“为什么”的时候，那些生活中柴米油盐酱醋茶的琐碎，早已无影无踪。

背景链接：

宁波红邦纺织有限公司赢得杉杉、雅戈尔等十余家名牌服装企业的认同与信赖，并得到世界顶级品牌BOSS、Autason等的认同，成为他们的辅料供应商。杨升东坦然面对压力的精神，使他和企业不断突破发展界限，产品不断闯出国内，享誉世界。

今天，换一种方法开会

我常在上课时开玩笑说中国人很喜欢开会，但最后的结果常是“会而不议，议而不决，决而不行”，如此周而复始，就变成了“以会养会”，会议若占据了我们太多的时间，许多人就会耽误到自己的工作，但若不开会、不试着沟通共识，更可能造成各自为政、没有效率。最明显的例子就是台湾的“立法机构”，因为政党之间的恶斗，行政官员们枯坐一天，“立法委员”们不是言语攻击就是肢体抗争，议事的结果远远比不上民众们的期待，隔天的报纸就会算出来，政府停摆的一天总共让纳税人损失了多少钱。

在企业也有一个可以估算会议成本的方式：内部会议成本 = 会议时间 × 与会人数 × 每小时平均工资 × 2。为何最后要乘以 2 呢？因为它中断了员工正常的工作，而员工在正常情况下产生的效益是要大于工作的，例如一个部门里有 5 个人，平均年薪为 80 万，若一个月 20 个工作天，一年共 1920 个工作小时，则平均每小时成本约为 400 多元，因此一次 2 小时的会议成本 = 2 × 5 × 400 × 2 = 8000 元，若一周一次，一年就要花费 40 多万。因此如何节省会议的时间、有效率地达成共识，就变成企业进步成长的阶梯。

杰克·威尔就十分注重会议的成效，他严肃地要求奇异公司的员工要坦率及面对现实的勇气，为了达到此目标，他创造员工勇于发言的工作气氛，他说：“一位领导者最重要的事，就是要完全地寻找、珍视和培养每个人的尊严和声音。”当员工参与、勇于提出构想，给予他们尊严与鼓励，一位领导者就能接近事物的真貌。因此想想，若是会议中大多数人是没有发言的，就应该不是一个成功的会议。

若要有一个更好的会议成果，从现在起，你可以试着做以下的改变：

一、能不开会就尽量不要开会，如果有更有效的方法达成共识，就设法实行。

二、会议中要让每一个人都有发言的机会，避免变成命令的传达。

三、会议的开始可以透过一些宣言来提醒会议应注意的事项，避免会议中变成空泛的讨论而没有决议。

四、会议亦需要准备，不只是行政、议程上的准备，要让每一个人感觉不是去开会、而是去作决定的，所以要准备对此问题的看法。

五、换一个方式开会（例如地点），有些公司亦主张站立开会，太舒服的椅子会让人不忍离去，而大家都站着时，每一个人说话都会变得简单利落。

六、有些公司会尝试用不同的角度想事情，所以会让员工另外取一个小说里的名字，如杨过、韦小宝、郭靖、令狐冲、赵敏、黄蓉等，用这些人的个性来思考事情，也会延伸个人思考的局限性。

希望今天会有一个好“会”。

☑今天，换一种方法开会。

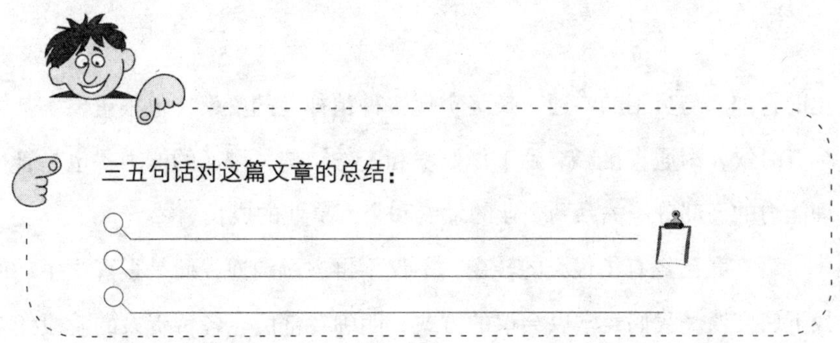

我曾经见过一个很有趣的会议，2008 年 10 月 10 日实践家十周年庆典的当晚，林伟贤老师讲了道德产业的精神。课程结束后，大家到餐厅用餐，我中间有次出门接电话，发现有 20 几名学员，在青藤下，伴着淡淡月光，在轮流讲身边道德产业的故事。他们制定的规则是每个人站到前面讲一个例子，如果大家不认可，他要继续讲下去，直到被认可的时候，他有权点台下一名同学上来接着讲。这种开会的方法，让饿着肚皮温习功课的学员们，都能全心投入进去，也许，下次开会的时候，你能试试。

抢先 SAY SORRY

大连中恒科技有限公司总经理　巩权

以前我是个比较急躁的人，过分专注于工作效率和结果，完全忽视他人的感受甚至存在。不善于沟通，觉得把事情赶快做好就可以，没必要说太多或者专门去找部属谈心，起初我也是凭着这种态度保持了目标明确和高效。

但是，当公司走上轨道，业务发展达到一定水平时，越发觉得人性化的管理、与员工的沟通，最终实现一种精神上的凝聚，也很重要。甚至有时候，沟通直接影响到工作效率和工作结构，沟通的能力，也是管理能力的一部分，关系到企业的发展和个人事业的成长。

现在我已经有了很大的转变，不仅不再逃避沟通，而是很喜欢主动找下属交谈。我们经常以会议的方式，明确各部门、各负责人的阶段任务，我一般都努力营造一种轻松、开放的会议环境和氛围，让大家能够畅所欲言。后来发现，只有这样，每个人才能说出自己真实感受和想法，才会产生合力，推动公司向前发展。

不仅习惯沟通并形成了自己和企业的沟通风格，我还在与员工、家人、朋友和业务伙伴相处中，形成了更好的一个习惯：如果发生误会，不管事实上谁的责任更大些，我都会尽量主动承认错误；争论或争吵后，我也是最先道歉的那一个。最初这么做，心里还是有点担心：会不会因此丢面子，更丢掉立场？结果发现，每次我 SAY SORRY 后，对方往往也是一样地放下来，承认自己的错误。原来，我在不经意间找到了化解矛盾和误会的秘诀。

背景链接：

大连中恒科技有限公司专业从事软件销售及服务，与国际知名品牌软件开发商建立战略合作，并以周到细致的售后服务赢得不同城市企事业单位广泛认同，经三年发展，取得了令人瞩目的成绩，其成功经营模式，已被 MBA 作为典型案例。总经理巩权也由此获得“优秀青年企业家”等荣誉称号。

今天，去超商逛逛

一位友人在台北独自过年，虽然我多次邀请他到家里来吃饭，希望他能感受到家的温暖，可是他说他喜欢没有人的台北，喜欢一个人走在昨夜还繁华熙攘的东区，总觉得那种安静就像是一种神迹，走在路上只听到自己的脚步声，我问他难道不会感到孤单寂寞吗？他说寂寞时就会跑到巷口里的超商溜达，只要一进门，就有人亲切地问候，而且超商里什么都有，吃的、喝的、看的、玩的，什么都有，随便买买，一个人的年夜饭也是很丰盛的哩！

说实话，我也很喜欢有事没事到超商逛逛，我觉得当一个人下班回家前应该去超商转一下，因为在忙了一整天之后走进超商，有人对你说欢迎，有人对你微笑，这种被重视的感觉还是蛮爽的，要不然每天为安抚客户、伺候老板，真的搞到自己一点尊严都没有，这时至少我们可以得到一些尊重。

如果你单身，你可以买晚餐回去，或者买一杯现煮的香醇咖啡回去，你也可以在忙碌一天之后送一些自己喜欢的零食来犒赏自己；如果你已婚，也可以打个电话，问问家人晚上有没有特别想要吃的东西，你可以顺便带回家。尤其是一些新上市的食品或饮料，总是大量在电子媒体曝光，而超商总是能满足一个人的好奇尝鲜心理，每当晚上一个人享用时，你会有一种幸福感。

当然除了吃喝，超商里还有最新的报章杂志。现在传统书市的销售量普遍下滑，除了景气问题外，就是网购书籍的方式也几乎凌驾于实体的通路，而所订的书，你可以到就近的超商取货，这帮客户省了时间，也提升了超商存在的价值。不是每个人回家的路上都会遇到书店，但是九成以上一定会碰到超商，尤其是通勤族，恐怕一路上遇到六七家超商更是普遍。我希望你可以在超商的书报架上稍做停留，因为这里绝对不会有生涩冷门的话题，而是最热门的潮流，一些上班族常看的商业杂志都有，你可以注意里面的标题，有哪些题材是你很有兴趣阅读的？订阅杂志当然是一种方法，但是并不是每一期的内容都符合我们的需求，有些人因为忙碌，上一期的杂志还没拆封，下一期的已经又来了，倒不如避开我们选择杂志的取向，只选择我们有兴趣的内容，可能更实惠一些，而且有时在超商买的杂志也会有不同的当期赠品，那又是另一种乐趣了。

超商明亮的招牌总是给人一种温暖、一种靠近家的感觉，到超商去逛逛可以和社会信息接轨，可以慰劳自己、关爱家人，尤其是当你忘记今天是情人节时，它会让你买得到巧克力；当今天是母亲节时，它会提醒你带朵康乃馨回去。

☑今天，去超商逛逛。

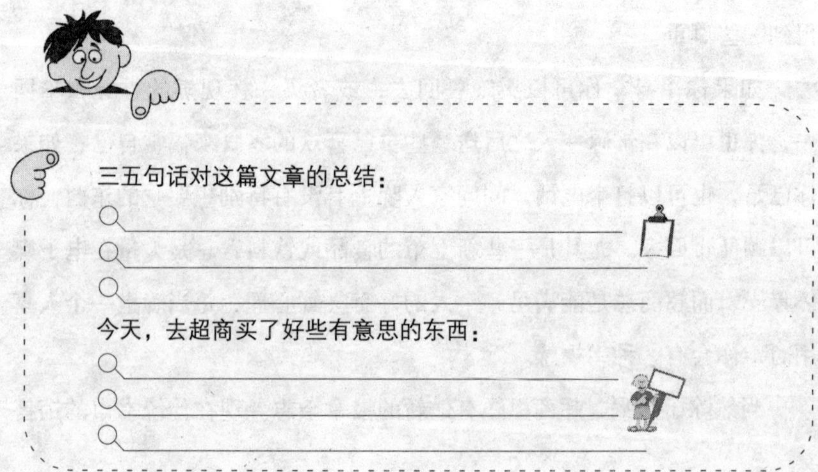

CAR
PC

把自己捡回来

山东青岛晨晨食品有限公司董事长　李智

自从多年前有了自己的公司，好像已经不知不觉走了很久、很远，以至于都忘记了自己最初的样子，也忘记了原本很简单的生活。有时，我也会问自己，多久没和家人吃顿饭了，多久没听音乐了，多久没停下来端详一下自己的人生了。

做企业之前，我原本有个爱好是唱歌。年轻的时候特别想走唱歌的道路，只是阴错阳差选择了现在的行业，接触的伙伴也大多与音乐和艺术毫无关联。也许，每个人都是这样，在取得事业发展和一定成功同时，离现实越来越近，离梦想越来越远。

这两年，我开始渴望有时间、有机会去重拾当年的梦想。今年开始做学歌的规划，非常认真地去接触歌唱行业的专家，跟他们学习。比如，几个月前专门去北京跟一位歌唱家学唱，从青岛到北京，往返乘飞机，大费周折，只为了上一节音乐课。也许，用商业眼光来看，简直不可思议，但因为那是我从小的梦想，是一直渴望做却没有做到的，我当然会全心投入地做，并努力做到最好。

重拾梦想，我也在重拾丢失的生活细节。我有个癖好是爱吃猪头肉，但我老婆觉得猪头肉没什么营养，特别是上不了台面，总是不让我吃。但我每个月至少有一两次，会偷偷去超市买点猪头肉吃，有时候想想，也许不仅是怀念猪头肉的味道，更是想捡起那个不小心丢掉的自己。

背景链接：

晨晨食品以冰激凌为主产品，实现企业规范化管理，并已通过国际质量认证、食品安全认证，被质量检查部门评为“信得过品牌”。公司近年来高、中层管理人员不断加强管理学习和培训，李智一家三口都是Money&You学员。

今天，当做是第一天上班

演讲了这么多年，我还是不太喜欢去传统产业或公家机关演讲，因为这些机构的年龄层偏大，并不是说这些人不重视学习，而是在那种环境下每个人都更内敛，更懂得明哲保身的道理，所以要能炒热学习的气氛就要花一些工夫与技巧。

其实说年龄稍大并不太正确，因为我发现他们的年纪和我差不了多少，而我一直觉得在心情上我还像一个刚出社会的年轻人一样，一样地喜欢新鲜与刺激、喜欢多样的人生，也许是教育训练这个行业的特色吧，我们必须要广泛地涉猎社会各种议题，要能够说学逗唱。每天都是新的体验与挑战，因为每一场的感觉都无法复制，每一次都要战战兢兢，每一次上台就像打仗，你必须要全力以赴，才能够先感动自己，才能获得听众的共鸣！

就像是一些我常讲的故事，每当在不同场合往事重提时，我依旧会忍不住哽咽，忍不住心里的痛在呼吸间蔓延，我庆幸自己没有麻痹，仍然能够像是第一次走上讲台那般单纯。而那些工作会感到无力的人，大概缺少的就是一份感动自己的力量，或者如第一天上班时那种事事好奇的学习心。在职场中，心的苍老比身体上的苍老更加可怕。

日本的建筑大师安藤忠雄有着全世界的知名度，他也曾经应邀在台北的小巨蛋演讲，现场挤进了一万两千人，我相信这是台湾近年来最成功的一次大型讲座，只是当这位创造“清水式建筑”的艺术家出场时，现场播放的竟是电影《洛基》的主题曲，感觉有些不太搭调，因为那种强力的节奏，应该是属于潜能激发的老师出场，或是保险直销公司的表扬大会时所使用的，和这位非常人文的建筑大师的形象实在差距太大，许多人在觉得突兀中都认为主办单位太不用心，也太俗气了些。

后来在了解安藤忠雄的传奇后，我觉得是我错了。安藤忠雄年轻时就立志要当建筑师，可是因为家境不好，他在高职毕业后就到家具店当学徒，为了增加自己的能力，只要有时间就会到书店里看书，而为了要到国外旅行看各国知名的建筑，安藤忠雄跑去当拳击手，因为这样就可以出国比赛，也可以赚到钱来实现自己的梦想。这个年轻人往往在比赛一结束，立刻脱下手套，换上衣服，拿起笔到附近的景点欣赏建筑，而这首出场曲正辉映其战斗的人生。

这位建筑大师已经快七十岁了，他说："建筑就是战斗。""只要我活着一天，我就像十八岁刚开始时一样，每天都认真地工作。"这位建筑师没有钱，也非科班出身，但是确认自己的梦想，点燃心中的热情，每一天都像是第一天般的努力与敬业，让他在建筑界有了大师的地位与尊崇！

你工作多久了？是否已丧失了斗志？回到最初的自己，把今天当做是第一天上班，你会看到自己单纯的心智、不计较的包容，还有永远乐观的未来。

☑今天，当做是第一天上班。

三五句话对这篇文章的总结：

每次走上 Money&You的讲台时，我都告诉自己这是我的第一堂课，我要竭尽全力把它讲最好，结果发现不但我投入的热情高了，同学们互动的气氛也很好，并且每次上课都有不同的体验，我讲的内容尽量有所创新，而得到的回馈也是不同的。也许，我们每一天面对的，都是新的岗位、新的人生吧！

把最好的一面给工作

上海莱克电子有限公司　侯耀国

人不可能一天二十四小时都保持很好的状态、拥有很好的情绪，但是我觉得一个成熟的人要懂得把握控制自己的情绪。无论前一天有什么不好的事情发生，我都不会把它们带入第二天的工作当中。每天从踏入办公室的那一刻起，我就要求自己要处于一个最良好的状态，我喜欢把自己最美好最积极的一面展现在他人面前。

刚参加工作那会儿，因为是新人，充满了新鲜感和想要大干一场的激情，工作的时候总像有使不完的劲。那时候，我总是第一个到公司。现在自己做到老板了，我依然会每天第一个到公司，现在的想法是要给员工一个好的示范作用，对员工有什么要求，自己当然要先做到。员工是在看你怎么做的，你的一言一行，都在他们眼中。这是从员工的角度来看，而从我自己来看呢，我是希望通过这么一种方式来提醒自己要保持一种最初的激情。很多企业经历了很多困难、作出了一些成绩，在经营状况步入正轨的时候，反而出现了很多问题，“生于忧患，死于安乐”，就是这个道理。很多人在作出一点成绩之后就想要享受安逸了，失去了最初创业时的激情，失去了那份执著追求的坚守和一份使命感。果真到这一步的时候，企业的衰败，只是一个迟早的事情吧。

人也不是铁打的，总有柔弱的时刻。我不害怕把这一面展现在我的家人面前，和他们在一起的时候，我就特别的放松。我想正是因为他们能引导我把坏情绪通过正确的渠道宣泄出来，才让我能把最好的一面展现在我的工作中吧。

背景链接：

上海莱克电子有限公司是RITTAL、PHOENIX、SCHNEIDER、SIEMENS、MITSUBISHI、ABB、AB, IDEC、OMRON、明纬、金钟穆勒等品牌全国最大的代理商。

今天，午睡一会儿

到北投的一所公家机关上一天的训练课程，中午吃完午餐，承办人员特别对我说："郭老师，你可以先休息一下，我们帮你准备好了房间午睡，起床时会有钟声的。"听完我吓了一跳，因为工作近二十年，我很少有睡午觉的习惯。到了房间，一张简单的单人床，我犹豫了一会儿才褪去外衣长裤，钻进了已铺好的棉被，窗外还有潺潺的流水声，偶尔会有北投温泉的硫黄味飘过来，虽然只有三十分钟，但是我睡得很香甜，自己都可以感觉到隆隆的打呼声。

难得的一次午休后，在走回教室的途中，我发现山色变得更翠绿了，而上课时的思路也更清晰了。据研究者发现，午睡是保持清醒的必要条件，它会表现在工作效率的提升上，在大陆午睡更是一种政策，大多数的公司甚至是下午两点才开始上班，时间一到，大家都关灯趴在桌上，还有些人会自备折叠床，这些行为对那些习惯忙碌工作者或是追求速度与绩效的业务员而言，可能认为是沉沦的开始，他们宁可用浓茶或咖啡来抵抗倦怠，于是勤奋不休的中国人有着无比的压力，甚至危害到一个人的健康。

电视节目里正在介绍欧洲的旅游，这些浪漫国度里的商家在午后会暂时关门，因为要回家小睡片刻，这偌大城市里的人们并不急着赚钱，他们更重视生活的质量，他们国家富有的程度却并不输给我们，而且罹患心血管疾病的人数更远低于亚洲国家。

历史上也有些名人拥有午睡的习惯，爱迪生在研究室里可以不眠不休地工作到很晚，而他的体力来自于午后短暂的睡眠；英国首相丘吉尔曾说：“你有时必须在午餐与晚餐间睡一觉，别以为午睡会耽误工作，这是愚蠢的想法。反之，休息以后，你可以增加工作量，甚至可以将一天当做两天用，至少是一天半。”所以一个人的成就与是否午睡并没有绝对的关系，反而是正确的午睡有助于调整精力，帮助我们充电之后再出发。

首先午睡以15~30分钟为宜，过久的午睡会影响到晚间正常的睡眠；午睡也最好定时定量，即使在那个时间没有睡意，也可以闭眼养神休息；如果本身就有失眠的困扰，那么就要避免白天的午睡，以免失眠更加严重；若晚上有重要活动会延误晚上正常就寝时间，你也可以利用午睡储存一些睡眠，而不至于导致整个时间紊乱，造成隔日上班时无精打采。

午休是一种养神的功夫，哪怕只有十分钟，都可以让你拥有活力的下午。

☑今天，午睡一会儿。

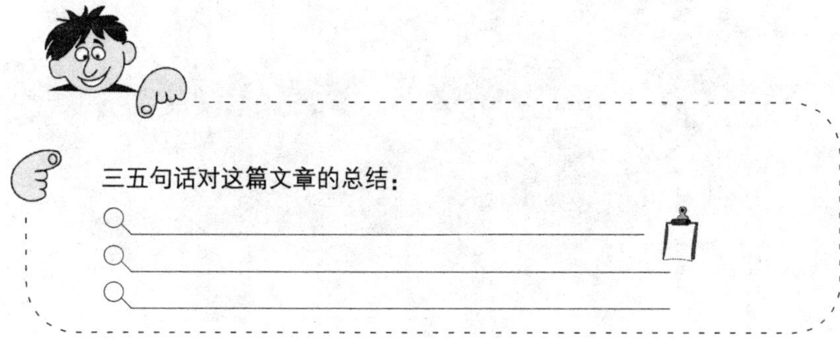

XII
I
II
III
IV
V
VI
VII
VIII
IX
X
XI

精力充沛是美好一天的开始

上海骏昌霓虹光管有限公司董事长　张晖

在做企业之前，我是一名拳击运动员。以前当运动员时的一些习惯一直保留至今，例如，每天早晨起床后，要在一分钟之内做一百个俯卧撑，十几年如一日。坚持这项小小的运动，不光是为了保持一个强健的体魄，也是为了锻炼自己的意志力。

做完俯卧撑，再吃一顿美味的营养早餐，这就是我美好一天的开始。在这里，我特别想和大家分享一下我的营养早餐，大家也可以尝试尝试。一根西芹，一根黄瓜，一个应季的水果，一个胡萝卜，放在一起打成汁，为保持营养的完整性，榨汁后剩下的果肉也要一起吃下去。这样，各种维生素就全面了，长期坚持，保证身体一点毛病都没有。

如果说以上两项习惯保证了我每天上午精力充沛的话，那每天都要午睡一会儿的习惯，则是保证每天下午工作质量的秘诀。按照《黄帝内经》的说法，中午 12 点是天地人合一的时间，在这个时间对自身做一个调理，很有必要。每天中午吃完午饭，我会先散散步，然后午睡半个小时左右。就算没有机会睡，也要闭目养神十五分钟。不要吝惜这十五到三十分钟小憩一会儿，它会让人整个下午神清气爽，效率加倍。

有了坚定的意志、好的身体和精神状态，才能有乐观的态度去对待工作，这些是我保证事业无往不胜的法宝。

背景链接：

上海骏昌霓虹光管有限公司是国内乃至国际规模最大的霓虹灯管、灯具加工制作企业。2008年奥运会期间，骏昌公司的霓虹灯闪耀于天安门之上，为世人瞩目。张晖延续个人拳击运动员式敢于进攻、不断进取的意志力，推动骏昌如猛虎下山，夺得全球霓虹灯制造第一位的称号，让“中国制造”的霓虹灯闪烁在世界各个角落。

今天，早一些起床

人到中年以后，睡眠的周期会越来越往前移，二十多岁时因为爱玩，一两天没睡觉是常有的事，可是现在若有一天失眠，我的身体一定会让自己在隔日补眠回来，而现在我已经是标准的早睡早起一族，这种规律的生活在心理上给了我一种踏实感。我喜欢在早晨时候写文章，那时大地一片静寂，偶尔送报纸的摩托车引擎声会划过长空，而心爱的家人正拥着好梦，这种家居的平凡生活其实是最大的幸福。

早起，有些人运动、有些人阅读、有些人静坐，在地球上每一个清晨到来的地方，都有人在享受着他的人生，日本 NHK 放送文化研究所曾调查日本人的生活节奏，发现近年来日本上班族早上四点半到八点半之间开始工作的人口比例，有逐年上升的趋势，台湾虽然没有这方面的研究，但是当快餐业龙头麦当劳营业时间延长为二十四小时后，其中成长最快的时段就是早餐，近五年来营业额累计成长了百分之二十五，而早餐的销售时段已经往前推到四点。

由时间管理的角度来看，若每天提早一个小时起床，以一天上班八个小时计算，则一年下来可以增加至少四十五个工作日，这四十五天足以让你写一本书、读完一本巨著、甚至通过一项检定考试、学会一项技能，这些都可能是某些人的毕生梦想或年度目标，而你只要做一些生活作息的改变，这些事情都会踏上开始之路。

一位知名的模特儿在接受媒体访问时，谈到了她的保养美容之道，当然除了她所代言的化妆品之外，她更重视良好的生活质量，其中不熬夜工作就是一项，早睡早起是最好的保养法，因为规律的生活会让人拥有良好的气色，皮肤不会累积压力，就不会有暗沉及皱纹，若再加上运动的习惯，就能够燃烧多余的脂肪，让身材更加完美。

当然生活习惯的改变绝对不是一日就可做到，也并不是每一种工作性质都符合早睡早起的规定，但是如果你从今天开始，决定要好好地利用清晨的时间去做一些有意义的事，那么你可以试着循序渐进。例如平常八点才起床的人，可以提早到七点半起床，当一两个星期适应后再往前推半小时，这样你的生理时钟也会慢慢开始适应这些方式。

因为早起跑步，马英九先生给人们健康的形象；因为早起晨操及打球，王永庆先生与高清愿先生创建了成功的企业集团；也因为晨起的习惯，造就了许多作家宁静的片刻与丰富的灵感。每一个人都拥有相同的二十四小时，而今早起一小时，你就比别人多一分的努力与准备，从现在开始，永不嫌迟。

☑今天，早一些起床。

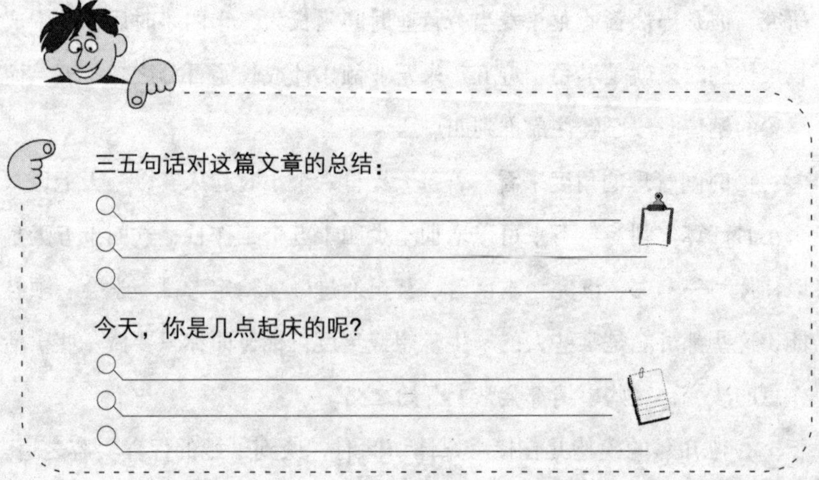

每天早起让我赢得人生

网络服装品牌零号男开创人　刘建光

我家的闹钟每天早上六点钟就会响起，多年来从未改变。

六点钟很多人还在梦乡，至少现在太多昼伏夜出的都市人群，无法想象雷打不动地早起的人过的是怎样的生活，或者那么早起做什么，甚至偶尔朋友也拿这跟我说笑，类似于过着原始社会或农业社会的生活。

其实，早上的时间，对我一天的工作、生活，甚至对我整个人生，都有至关重要的意义。每天，我是这样安排的：

首先，六点钟起床，并在醒来第一时间打开窗，接受清晨最清新的空气。随后，喝一大杯白开水，这是我健康身体的每日必修课。

接着，看书，早上看书的效果对我来说是最好的，看管理的书、专业书和各种对心灵启发有意义的书。

随后，我会到露台做晨操，不喜欢剧烈运动的我，晨操既是保持身体平衡的关键，也是调节心理的好习惯。我发现这几年坚持早操的习惯，令我的心情越发舒畅，原本急躁的脾气，已经变得宽容。

同时，我每天都要抽出早上半个小时的时间专门做计划。处理昨天计划中各项的完成情况，做今天一整天的规划。

中国的一句古话是“一日之计在于晨”，古人的道理总是说得很简单，却在我们自己的人生中，被反复通过实践来验证。

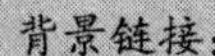

背景链接：

刘建光已有多年丰富的女装品牌营销经验，近年来又在淘宝商城开创了卓有信誉和美誉度的网络男装品牌：零号男。打破了刘建光自身积累多年的实体女装店营销模式，以网络营销新理念享誉业界，其开创的男装品牌倡导“暗潮”的生活方式，为新兴小资阶层热捧，而刘建光一手创立的“零号男”也成为倡导男性网络消费、着装新锐的潮流象征。

今天，相信自己会有好事发生

在大陆工作时，女儿发了封短信给我，告诉我她很担心隔天体育课的排球，因为练习时手臂都打红了，球还是没有发过网，隔天我问她结果，果然不出所料，老师希望她能找机会多加练习。

其实过与不过可以归纳为两个问题，一是技术层次，另一是心理层次。技术层次可以靠名师指点及勤奋练习来补强；而心理层次就必须要学习正向思考的力量，善用潜意识的催眠功能，大胆地往好事的方向想，别在乎别人的眼光，你的真诚会让一切事情都变成可能。

大家所熟知的是“杞人忧天”的典故，战国时期，杞国有一位男士，每日出门前都会看看户外的天气，如果天色昏暗、云幕低垂，他便会担心天会塌下来，于是整天非常不开心，一直到智者的出现，智者告诉他：“天离地面十万八千里之遥，别说是不会塌下来，就算是塌了，也还有高大的山在顶着，还有更高个儿的人扛着，这有什么好担心的呢?”杞人心想：“没错，即便塌下来，也还轮不到我。”如此才松了一口气，恢复了笑颜。

想象力是人类与生俱来的能力，往坏处想不是不好，因为它让你有预估危险的能力，并且有机会先做好妥善的因应措施，就像消防演习一样，但如果你一天到晚都在想会有麻烦事发生，那么恐怕就是一种病态的征兆。

当一支军队要作战时，如果习惯先想假如打败了要怎么办？当一支球队要上场时，如果先想好了会输的结局，大概也没有人会全力以赴；当一个业务员有着这种悲观心态时，他也无法驱动自己去影响客户。改变这些想法就会有不同的结果，我们希望在一天开始时，你可以给自己一些好的暗示，相信今天一定会有好事发生，然而这也不能光想，想完以后，你仍然要全力以赴地工作，否则就会变成守株待兔的家伙！

想也不能够漫无章法，变成空想或妄想，尤其是一些我们无法操纵的事情，像是去想昨天买的乐透会中特奖，像是老板会心血来潮为我加薪，甚至台湾第一名模林志玲会请我吃饭……这些事情光靠乐观是不够的，而那些所谓的好事是离你周遭不会太远的事，是你眼力所及范围内的事，是让你心中有牵挂的事，甚至与周遭人有关系的事。那是一种对自己的祝福，在尽人事之后，我们期待事情有更好的发展，所以先尽力再求好运，晚上睡得安心，隔天才能如意！

你用什么心情来面对这即将开始的一天，到底成功者有着什么巨大的秘密呢？

☑今天，就从相信自己会有好事发生开始做起吧！

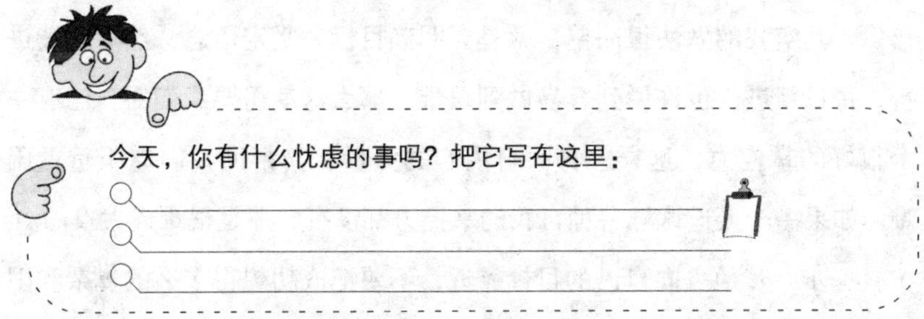

每当我遇到什么事令自己内心忧虑不安时，为了避免它破坏当晚的睡眠，我都会把它以及它可能引起的坏处写在日记本上，结果写着写着，发现它最糟糕的结果也不过如此，并且这种可能性极小极小，所

以，我很少带着忧虑入睡。

保持一颗“随喜心”

兰州瑞康生物科技有限公司　于坤

竞争如此激烈的时代，通过学习来保持自己的核心竞争力变得格外的重要。现在互联网十分发达，没有什么信息是通过网络查找不到的。但是，我还是比较倾向于向人学习。“三人行必有我师”，每个人身上都会有闪光点。我在与人交往的过程当中，就特别去注意他人身上的优点，他人做事的方法，之后就会进行总结，然后觉得能为我所用的就去学习。这是一种特别便捷的学习方法。你想啊，那些好的方法习惯已经通过别人的亲身经历验证了是有效的，我直接借鉴过来为我所用，不就避免了走一些弯路了吗！

除了保持不断的学习外，很多人还会问我的成功有没有什么其他的秘诀。其实我的做法很简单，就是要明确目标，坚定信念，然后持续进行，每日精进。也许说到容易做到很难，那么这就需要我们对自己有一个很好的掌控力，这样一种来自内心的力量，会帮助我们克服重重困难。如果一个人连这样一种自我的掌控力都没有，那是很难成大事的。

一步一步地去向自己的目标靠近，不要把成功想得多么的复杂和困难。保持一颗简单自然的“随喜心”，相信自己每天都会有进步，相信每天都会有好的事情发生。时下大家都很关注金融危机，关注它对我们生活工作的负面影响。既然是危机，有“危险”，也蕴涵着“机遇”呀。就看你善不善于发现和把握机会了。乐观地想，踏实地做，成功水到渠成。

背景链接：

兰州瑞康生物科技有限公司是一家在代理销售产品的同时，更倡导健康生活的公司。于坤以个人坚定的信念和积极健康的心态，推动企业的经营与文化理念同步发展，使身边的每一个人懂得：通过内在心灵的不断完善，形成强大而向上的磁场，进而不断使自己和身边人事业稳健发展、生活和谐、生命美好。

今天，省一点钱

北京和上海这种大城市有许多外来的人口住在郊区，就像我所居住的台北市，从四周到城里来上班的人都要跨越几座连外的桥梁，每逢上下班的高峰时间，这些城市都免不了塞车之苦，为了省时省钱，大家都会尽可能地选择捷运（地铁），如果不想在车厢里闻众人紧贴时的汗臭，有些人就会选择共乘汽车。我内地的许多同事在网络里找到了上班顺路的陌生人，也找到了可以顺路的车子，而每天都固定在一个地方等，就像是搭交通车一样，这样比坐出租车可以省下更多的钱。

省钱与赚钱同等重要，会赚钱的人不懂得省钱也会有山穷水尽的一天；不会赚钱但至少懂得省钱也会让你不虞匮乏。许多真正的有钱人，其实真正厉害的地方是懂得精打细算，台湾同胞最尊敬的企业家王永庆先生，就是一个最佳典范。虽然这位老先生已在2008年过世，但是人们对这位一出手就是5000亿台币投资，却连一滴奶油也要省的作风，永远心存感佩，这种精神也成为治家与治理台塑集团的文化。

王永庆在喝咖啡时有一个习惯，就是当把奶油球倒入咖啡后，还会用汤匙倒入些咖啡到奶油球杯，将残留的奶油给涮出来，再慢慢地品尝这一杯咖啡。即使一块洗澡用的肥皂，王永庆也会用到最后一刻，当肥皂快用完时，他会将已变得又薄又小的肥皂贴在新肥皂上，一丁点儿也不浪费。

当一个老板如此惜物，所有的主管也不敢浪费，台塑在成本的控制上实在可以成为全球的标杆。这些看起来都是小钱，而且都是生活里的节约，而我们应看待的不是事情的表面，而是其态度，是一位富豪对一块钱都重视的金钱观。

省一块钱和赚一块钱是一样的，今天你可以透过省钱来享受另一种成就感，例如到大卖场时多买那些有折扣或促销的东西，或者今天搭公交车去公司而不搭出租车，如果你开车，算准有优惠的时间去加油，又可以省下一笔不少的开销。当然如果走在街上，发现自己有一块钱掉在地上，也请记得捡起来，因为接下来这个有钱人也会做同样的事：

世界首富华伦·巴菲特，有一次与比尔·盖茨到内布拉斯加大学演讲，现场有学生问了这二位全世界最有钱的人一个问题：“如果你拿出钱包时，不小心掉落了一块钱，你会不会把它捡起来?”巴菲特抢先回答：“我不只会把自己的捡起来，我还会把比尔掉的那一块钱也捡起来。”比尔·盖茨听完后与现场观众一起大笑，并且不断点头称是。

懂得该省就省，等于自己给自己加薪一样，而真正的财富不是你赚了多少，而是你留下多少。因此我们怀念王永庆先生，也不妨勉励自己做一天的王永庆，在今天用俭朴过日子。

今天，想办法找到一些可以省钱的地方，哪怕是少用一点电、少用一滴水都算。

☑今天，省一点钱。

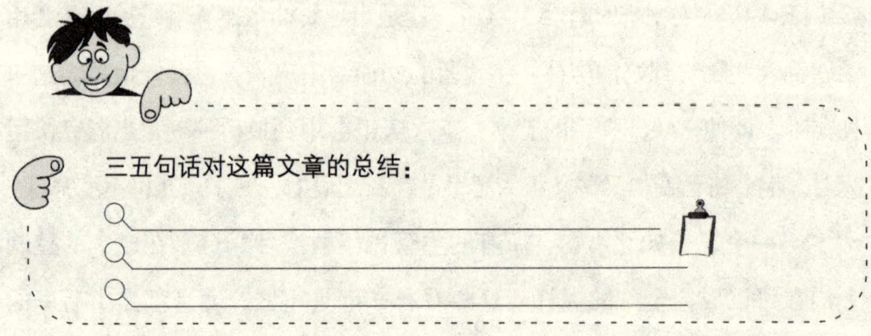

金

每次都把省下的钱放到存钱罐，等到过一段时间你会发现，收获的不只是罐子里的那些钱，还有满满的成就感。

好钢用在刀刃上

安徽合肥中建工程机械董事长　沈红霞

我在生活上主张一切从简，反对铺张浪费。我自己平时去商场买衣服也不会选很贵的牌子，有时候即使看中了名牌，也要等到打折的时候再去买，这一点晚辈和朋友总说我想不开，但骨子里不喜欢乱花钱，很难改变。

其实，这也是我们全家都坚持的习惯。我们一家三口都不抽烟、不喝酒，不喜欢吃得太隆重或太油腻，而是更多地选择健康的饮食。每天我都会认真安排家人吃足够多的蔬菜、水果，并且至少吃一顿粗粮。在孩子的教育上，我从他小时候就潜移默化地灌输节俭的美德和自食其力的精神。现在他在国外，也从不要求我们寄钱，而是自己去勤工俭学。有一次，我的事业伙伴们一起聊天，大家都认为我的孩子又能干又懂事，最重要的是不像现在的年轻人那样浮躁，我想，大概我们多年来所坚持的简朴生活，让孩子能够在物质世界里洁身自好，保持良好修养和品德。

我们这些年一直用省下的钱，做另一件事——捐助希望工程。这些年已经捐助了30个学生，其中一个从初中供读到大学毕业，当看到他在我们的帮助下走上工作岗位，我的心里非常欣慰，这份心情是再多的物质和金钱都换不来的。我们公司已经和有关部门达成共识，每年都会有10万块自动捐助到那些孩子手中，以后随着学生的增多，我们捐助的额度也会不断增加。我想这是一件值得一生去做的事，无论对于企业，还是我个人。

背景链接：

合肥中建工程机械有限公司是年营业收入超过10亿元的中国最具规模的工程机械专业代理商，现为中国工程机械代理商委员会副理事长单位。连续9年成为日立挖掘机整机销售量最大的代理店，连续荣获“安徽民营10强企业”“中国民营500强企业”等荣誉。董事长沈红霞以简单的物质生活、豁达的性格和真诚奉献的为人而闻名，现已帮助数十位失学儿童回到课堂。

今天，做一个教导者

在内地上课时，常常会碰到许多老板，过去十多年的经济起飞，他们搭上了浪潮，凭着胆识与眼光以及拼搏的精神，创建了企业的规模，他们累积了庞大的资产，有丰沛的人脉，但是也都面临一个隐忧，那就是何时才能顺利交棒，让企业能持续长久地发展下去，尤其是现在的孩子有更大的自主性，他们不一定会承接家里的企业，因此一个接班人的计划，就变成了一个在经营层要面对的问题。

接班不只是企业界存在的问题，体育界会期待谁会接续郭晶晶的棒子，继续让中国女子跳水队发扬光大；谁在马琳、王皓之后，横扫世界男子乒乓球赛？即使一个政府未来领导人的产生，也不能只靠一个人的喜好，它必须要有计划地观察与培养。同时接班人选的规划也可能不止一个人，而是一个梯队；一个成功领导者口袋里的接班人，至少要包括三种：包括可以立即接班的人选，1~2 年后接班的人选，以及 3~5 年的人选。而人力资源发展部门要与经营者共同规划这过程的评估方法，这样才能建立起企业最有价值的人才库。

如果你只是一个基层主管，以上的问题可能还离你很遥远，但是有些先进国家拔擢员工有个重要的观察点，就是这个人有没有在原工作范围内培养一个重要的继任人选，如果没有，代表人力发展上出现了断层，这不是好的企业希望出现的状况，因此做一个好的教导者，也是个人生涯发展的一条快捷方式。

只是中国人在做事上很喜欢“留一手”，这是一种自我保护的心理，台湾宏碁集团的创办人施振荣曾经有过一段语重心长的话，他说：“在社会发展的层次上，不留一手才能推动世界的进步，美国社会不留一手的风气比日本社会高，所以美国更进步、更有竞争力。中国在几千年前，有很多管理哲学就已经很进步了，中国的科技更不差，就是因为留一手、因为‘祖传秘方不能公开’的观念，而丧失了社会进步的动力，否则这些文明的精华经过几千年的普及与流传，现在的世界可能就是由我们所主导。”

会留一手，有很多心理层面的因素要克服，但是愿意分享所知以及心路历程，让别人少走一些冤枉路总是好事一桩。你只需要在旁观察，了解每一个人的天分与能力，懂得因材施教，在适当的时机给予必要的指点，否则他始终做不好、找不到窍门，最后浪费时间的还是你自己。做一个无私的教导者，发现可以成为你接班的人选，用心去栽培他，这样你才有机会、有时间成为你上司刻意培养的人才，拥有更好的未来。

☑今天，做一个教导者。

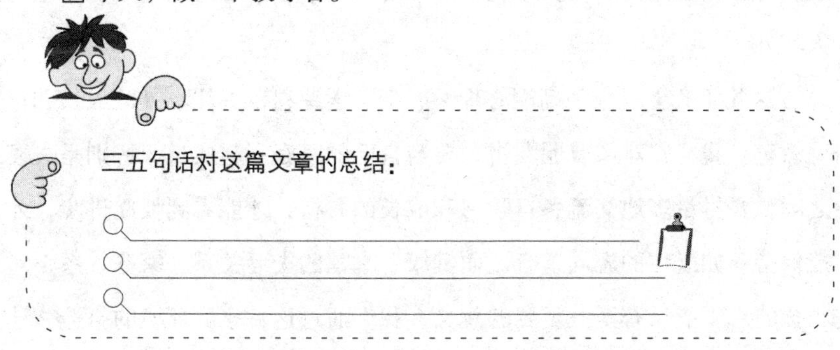

双子座的女儿，很喜欢和家人朋友分享，有时候她读到一篇好的文章，也会 E-MAIL 给我，有好的学习方法，她也愿意告诉一起学习的朋

友。我觉得女儿并没有因此而失去什么，她说，只有分享让她感到自己的收获可以加倍，变成很多人的收获。而周围的人，也往往愿意分享一些东西给她，这是她感到快乐的一个重要原因。

所以，下一次，当你发现有人困惑于找不到解决某件事情的途径，刚好你有经验，就大方地做一个教导者。

在交流中不断成长

厦门青旅东南旅行社总经理　刘宝钢

我很喜欢学习和交流，特别是近些年，到不同城市上课，受益很深，所以我有跟大家交流心得体会、共同成长的愿望。

这也是我个人心态上比较开放的原因，它让我觉得没有谁是真的可怕的、要随时提防的人，也没有谁是永远不可能成为朋友的。所以，我倒觉得，随着阅历的增长，我们不是越来越小心，而是越来越宽心地与人相处。

这几年我上过很多高端心理学、亲子学课程，关注心灵的成长和家庭教育。我经常对亲戚朋友讲，要与自己的家庭一起成长，特别是夫妻之间，要尽量多地交流各自学习和成长的心得，才能看到彼此进步，才能保持一如既往的志同道合。而健康、幸福的夫妻关系、家庭关系，对小孩的心理成长有至关重要的意义，我们通过这种家庭环境的打造，让他们从小懂得学习、进步、交流和爱。

不断的学习与交流还让我明白，直白的沟通有时候可以省去很多不必要的麻烦和问题。尽管中国人大多数倾向于温婉、含蓄，但直白的性格，更容易缓解自己和对方的心理负担，也更容易建立轻松融洽的关系。也是简单直白的性格让我在工作上能够适当放权，通过培养更多强有力的下属和优秀员工，让公司不断壮大和发展，而且在与人相处中，能够得到彼此的真诚。

背景链接：

厦门青旅东南旅行社有限公司被称为厦门最有特色的旅行社，在厦门市场最早倡导散客联盟，并联合其他几家旅行社创建“金牌假期”、“小螺号”夏（冬）令营等品牌。总经理刘宝钢以卓越的管理和沟通能力，敏锐捕捉行业发展信息、把握发展动态，使公司独占厦门旅游特别是中小学生旅游市场。

今天，规划下一次的旅行

你累了吗？我不是提醒你要去喝一罐提神饮料，而是应该给自己一些休息，一些调节情绪的做法，我常常不知不觉地在疲惫时，打开我的行程，看看下一次课程我是在哪一个城市？而在课程之后我还有没有时间游览这个城市？如果有，我会立即上旅游网站去了解这个城市的景点，然后判断要带的是小相机还是大的单眼相机，飞机的航班为何，怎样的飞法才有助航空公司里程数的增加，让自己的会员卡可以升等，甚至下榻的饭店在哪里，如果有游泳池的话，我会带泳裤泳帽随行，等时间更近时，我还会上网查其降雨几率，然后预想要带的衣服种类。

那段准备出发的时光，给了我愉悦的向往，一颗飞扬的心穿越大海，飞过天空，我好像可以立即在少林寺看武僧团的表演，可以在洛阳白马寺听经，可以在马来西亚的马六甲看古老的建筑，可以在四川成都的茶馆里看川剧的演出，可以在厦门鼓浪屿一个人静静地看海，谛听远处传来浪漫的琴音。短暂的心灵神驰，只为下一趟旅行的美好，这是我放松的方法，而且旅行还带着另一层的奥义。

大前研一是个经营与趋势大师，他年轻时曾经担任过领队，他认为旅游的收获不只是美食、照片、纪念品，不只是随性的邂逅，他认为旅行是所有思考的原点，它让我们懂得跟陌生人交流，懂得如何机智应变。一个人旅游的风格决定了人生的风格，除了名胜古迹之外，在那漂泊的时间中，无所事事的发呆，或在小巷中迷途，看见当地什么花朵开得最艳丽，了解当地居民会为什么事而快乐，你会重新看见自己，你会确定自己想要追求什么样的人生。

2008 年春，我在云南的香格里拉住了好几天，这是我第一次进入以藏人为主的世界，虽然气温接近零度，地面还有残雪，独克宗古城的石板路湿滑不已，但黄昏的四方街中心广场却开始热闹起来，扩音器响起了一首首藏族的舞曲，古城的居民开始随乐音起舞，提膝、扬袖、转身、踏步，每一个人没有民族的分别，自在地舞蹈，在那一个时刻告别了烦恼，没有人在意你的舞步是否拙劣，你可以放心地、单纯地融入一件欢愉中。是的，这就是香格里拉，这是那年心中最美的图画，那一刻，我的心中充满了能量。

你累了吗？觉得快心力耗竭了吗？你想去哪里透透气呢？旅行不在乎远近，而在心境，你可以搭班机飞越国际日期变更线，也可以搭火车穿越北回归线，甚至散步走过斑马线到对面的河堤吹吹风。规划一趟即将展开的旅行，而那美好的日子，就会一天一天靠近。

今天，就订下行程，然后开始倒数吧！

☑今天，规划下一次的旅行。

三五句话对这篇文章的总结：

你一生中最想去的三个地方：

茶乡文化之旅

山东日照御青茶业有限公司董事长　马云峰

国人有喝茶的传统，茶文化在我国更是源远流长。茶文化就是茶的灵魂，要塑造知名的茶叶品牌，只有好的茶叶却没有文化、没有灵魂是远远不够的，所以做这一行这么多年来，我深深体会，很多“功夫在茶外”，或管理之外。了解茶乡的文化和风俗就是其中很重要一点。

我第一站去的是云南思茅——茶之乡思茅曾是“茶马古道”上的重要驿站。由于受亚热带季风气候的影响，这里大部分地区常年无霜，是著名的普洱茶的重要产地之一，也是中国最大的产茶区之一。这个地方我去了两次，才会有一些切身的体会和感悟，在培训的时候传授给员工，在与客户的交流中便有了更多的认识。

第二个重要的旅行是我在同一年也去了安溪——铁观音的故乡，通过对当地茶的历史和茶农文化的了解，与茶农深切地交流茶之道和当地的经营方法，这对我后来公司的管理提升和模式创新都有很大帮助。

也是在这个过程中，我逐渐发现旅行也是一件很有益的事，特别是文化之旅，通过对不同地区风俗的了解和直接接触，开阔视野，提升了认识，触类旁通地悟出一般管理学中往往忽略的大道理。

背景链接：

山东日照御青茶业有限公司是山东省第一家进行日照绿茶产业化综合开发的大型茶场，日照市政府重点扶持的龙头企业，更是被国家农业部、国家工商总局、国家药品食品监督管理局等六大部委评为“2003年度全国食品安全示范单位”中的唯一茶叶企业。马云峰秉承对茶和茶文化的热爱与多年持续关注，为企业不断壮大并超越行业发展界限作出了突出贡献，是文化经营的典范。

今天，想办法听到真话

在社会上工作久了，朋友也多了，有些朋友是同事的关系，有些是生意往来的客户，当然还有一些是自己的学员或读者。这些人在与我交接的地方都还存在着那一种关系，也许是因为自己的特质影响，我经常会扮演一种倾听者的角色，很多人愿意找我谈事情，他们会告诉我一些很少让人知道的秘密，会在一些两难的决策时，听听我这局外人的想法。我会说一些真话，真话并非代表一定是对的，但是另一种声音的存在，绝对会帮助一个人作出更正确的判断。

日本的经营之神松下幸之助一直强调：一个领导者最重要的一个工作就是去听员工的声音，包括听得到的和听不到的，而领导者因为大权在握，也最不容易听到诤言，看看你的团队当中有没有类似的现象。

首先，一个组织中当员工反馈的意见长久没有被接纳，他们会觉得多说无益，变成沉默的一群；第二是主管或老板过早说出自己的想法，而下层为了安全起见就不敢捋逆鳞，所以干脆就隐藏自己的思考；第三是老板或主管常常不在办公室，彼此感受的问题来源与程度有落差，在话不投机的情况下，有了明显的疏离感；第四是公司的治理赏罚不公，尤其是当权者首先破坏既有的游戏规则后，员工很容易不再视企业为共同体，消极的工作态度换来的是对未来的冷漠。

我相信一个人只有放下身段时，才能听得到真话，而且对于许多已经习惯说场面话的人而言，要听到他们的真话，你更需要一些耐心与引导，如果你想听到别人的真话，今天你可以试一试以下的方法：

一、会议要有会议记录，但如果一些非正式的会议，尤其是交换意见及观点的讨论，就让大家尽兴发言，参与者才不会有压力。

二、领导者不要太快说出自己的看法，甚至可以主动告诉大家希望听到真话的期待。

三、不批判、不否定那些和自己南辕北辙的想法，也不要面露不屑、不耐，适当地点头，反而会鼓励别人更完整的表达。

四、要了解真实的状况，不能光靠别人的转达，你必须要站在现场，请教第一线的员工。

五、要听真话，最基本的方法要先从自己做起，自己先做一个讲真话的人，才能带动良好的互动，表面上一团和气，其实却暗潮汹涌的情况是最可怕的。

☑今天，想办法听到真话吧！不论家里或企业都可以！

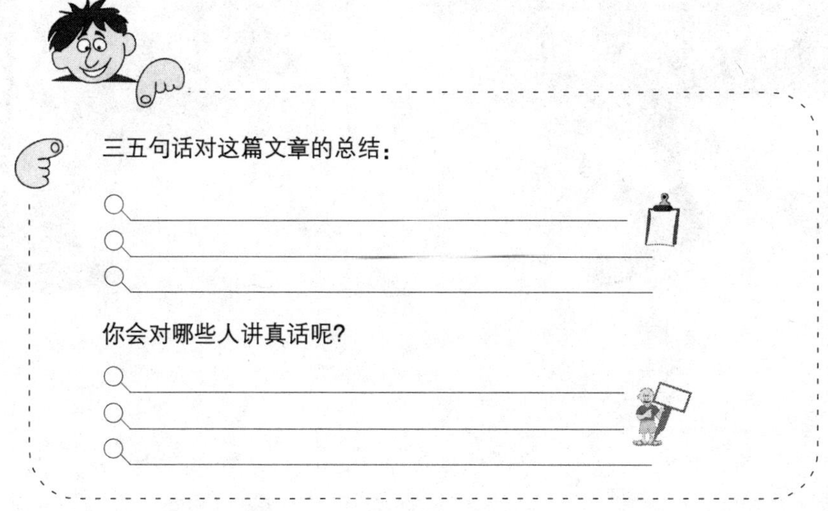

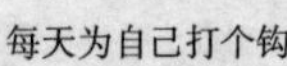

逐渐发现想听到真话越来越难，于是，才上演了“皇帝的新衣”那场闹剧。这么多年来，四处讲课，有幸受到大家的喜爱，热心的大家也会经常来到我的部落格给我留言。那些留言，多是些赞美之辞。若有一天，你来到我的部落格（http://blog.sina.com.cn/u/finnyfamilyfunny）时，给我留下意见和建议，我想我肯定会微笑着去阅读它们的吧。

讲真话与听真话

上岛咖啡中国区董事长　游昌胜

做企业，先做人。

这是很简单的道理，但我们却往往把自己搞复杂，搞得不相信简单。

这些年，听到来自不同年龄、不同行业的朋友，一个共同的慨叹：想听到真话越来越难。于是，我随心拾起一些关于听真话的心得，与大家分享。

想要听到真话，首先要有一个先决条件——自己听得进真话。人在很多时候说谎，只是因为谎言比现实更美丽，更容易让人接受。所以，当你要求孩子讲真话前，先问问自己是否有接纳他做了坏事却勇于承认的心胸，而不是轻易发脾气；当你要求员工讲真话前，更要以身作则，树立当面不恭维，背后不诋毁的榜样。

能经常听到真话的，往往是习惯讲真话的人，即“己之所欲，必先施于人”。不难发现，企业的文化氛围，很大程度上受企业家个人管理作风的影响，我有个朋友在这方面非常令我钦佩，他手下几家公司，员工上千人，每家公司的人际关系都简单和谐，因为这位朋友有个习惯是把一切摆到桌面上，曾经有员工背后拍他马屁、讲是非，他竟也在会上公开此事，搞得当事人自惭形秽，这样下来，大家都受他几近透明的风格影响，成了“透明人”。

诚实——这个小学生追求的道理和美德，让很多成年人不屑一顾。因为现实中、岁月里，不经意的虚伪和伤害，慢慢堆积为迷雾，蒙蔽我们的眼睛和内心。我曾经在某一个黄昏对自己说：“回首人生行程，最羡慕的还是尝尽生活甘苦却保持一颗悲悯的心的人。”于是，在追求强大和成功的同时，不断提醒自己永怀一颗赤子之心。

背景链接：

上岛咖啡专注于品牌本位——咖啡的原材料纯正，综合东洋咖啡的制作调煮，现正整合各地分公司通过专业研发队伍致力于引进多国口味的用餐模式和菜品。公司鼎力引进私募基金、吸纳创投公司，预计将在2010年上市。

沟通三步法

保定宝丰硝化棉有限公司董事长　褚双玲

我是一个很喜欢沟通的人，平时既喜欢和家人朋友聊天，有什么问题大家都摆到面上来，避免误会，也很喜欢和下属聊天，想听到他们的想法，再根据不同的人、不同生活方式去跟他们分配角色和任务。但是慢慢发现可能到了一定年龄，身份也有所变化，听到的话，有时不是发自内心，而是经过了包装或带着一定目的。

为了尽量听到真话，真正达到沟通的目的，我从以下几点努力：

第一，学会放下。不仅放下自己不自觉的伪装和顾忌，更是放下多年来的成绩、放下虚荣、放下骄傲的内心，放下身份和地位。真正地和对方站在同样的高度和位置，用心去聆听、去交流。

第二，沟通无障碍。我跟自己下属、晚辈的沟通，似乎远远多过与社会身份高于自己的人，因为我喜欢多和年轻人交流，一方面分享他们的思想，尽量通过自己的人生经验给予他们真诚的帮助和建议；另一方面，拉近与他们的距离，使自己的思想不断更新，跟上年青一代的步伐就是跟上时代的步伐。

第三，真诚和虚心，只有拿出自己的真诚来，并且虚心地承认自己仍然有哪些不足，才能换得对方一样的真诚。

背景链接：

保定宝丰硝化棉有限公司主要产品为涂料民用硝化棉，已有30多年硝化棉生产历史，获国家级、省市级多项特别荣誉。董事长褚双玲长于并乐于沟通，使企业在其带领下形成强大的凝聚力，取得卓越成就同时，更形成团结向上的文化氛围。

今天，当做是人生最后一天

看到新闻报道，最近有个心灵的课程是要让学生躺在棺材里，听起来有些恐怖，其实死亡本身并不可怕，不知何时会死？以什么方式结束生命，才是让人烦忧的事。在读日本小说《椿山课长的那七天》后，我有了更强烈的感受。椿山是日本一家百货公司的课长，有着平凡的家庭，而且老婆标致大方，不幸在周年庆活动中过劳死，就在人死后进入中阴身时，他觉得凡间还有许多事未交代，于是申请回到阳间，中阴身的官员们同意了他的请求，不过必须用一个完全不同的肉体回去，并且不得透露自己的身份，否则会有很可怕的事情发生……

椿山回到了阳世，用一个美丽时髦的女性躯体，他去养老院看了自己的父亲，也残忍地知道自己的孩子竟然是妻子与同事所生，而他竟然也在结婚前辜负了一位女子的青春。这七天里，他发现每一个人都有许多不可告人的秘密，当他慢慢从局外人看到这里的恨与爱时，他的观念慢慢改变了，也学习接受了，事情的最后都有了圆满的结局，椿山无憾地回到中阴身，等待接引他到另一个世界的一道光。

为了要让这一生没有遗憾，你常常要去面对重要的抉择，要把死亡当做是一件随时可能会出现的事。苹果计算机的创办人乔布斯在 17 岁时谈到一句话："把每天都当成人生中最后一天来过，你就会很自在。"这句话让他在后来的近 40 年中，每天早晨都会对着镜子里面的自己问："如果今天是我人生的最后一天，我应该做什么？"别人的期许，过去的荣耀，自尊的恐惧，都会在面对死亡时烟消云散，那一刻你才会知道什么事是心中最挂虑的？什么人是你最要珍惜的？而你才会立即去做一些改变，并且期待生命有一个圆满的结局。

这个道理大家都知道，然而知道是理性面的，知道并不代表感觉到，如果心没有动，就不会有行动。因此躺在棺材里，再穿上丝绸的寿衣，四周摆满了淡黄色玫瑰，音乐是小提琴演奏的慢版菊花台，现场还嗅得到浓浓的干冰与铁皮味，我想这种感觉应该够强烈了，足以让你好好地珍惜从棺木坐起来的那一刻。

桩山课长倒下来的那一刻还在为公司与客户周旋应酬，他没有想到他会死，没有想到早晨与孩子的道别竟然成为诀别。他在死后不断想着老婆未来怎么办？老爸知道会不会伤心欲绝？家里的房贷还没有缴清，甚至公司周年庆能不能达到业绩目标？看了真让人觉得心酸与不舍。

如果今天是最后一天，我只希望有家人相伴，你呢？面对这个问题，听听自己内心的声音，想象那样的画面，也许此刻你已泪盈满眶。

☑今天，当做是人生最后一天。

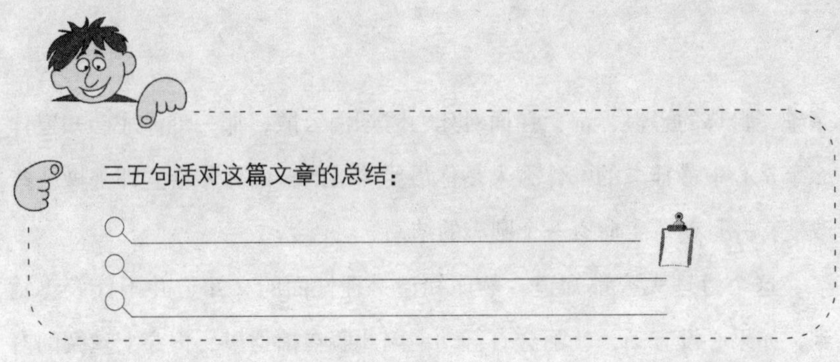

在一次Money&You课程中的游戏环节，我尝试让大家进行了一项与文中提到的心灵课程类似的游戏——假设你明天就会离开这个世界，请你现在就动手给你的家人朋友或者你愿意的人写下遗书。开始大家都还有所迟疑，但在我的坚持下，大家行动了起来。最后，我看到的是一双双噙满泪水的双眼。很多人告诉我，在写遗书的过程中，唤醒了心中被自己遗忘的爱。其实那样的时刻，才是我在讲授Money&You课程时最欣慰的时刻。

假如只有一天生命

广州芬雨净水设备有限公司上海分公司总经理　张志芳

人们常常会说，太容易得到的东西就不会懂得珍惜，经历过失而复得后，才能更懂得拥有的珍贵。那么，对于一个人的生命，尤其是如此吧。一个从死亡边缘挣脱重获新生的人，一定能比从前更加深切地体会到活着的美好，更何况，我是一个有过四次病危经历的人。

我的经历比较坎坷，之前身体一直不好，曾四次和死神对话。最近的一次，是在办公室里遭遇持刀上门抢劫，被歹徒刺伤，昏迷不醒。后来醒来后全身瘫痪不能走路，不能说话，整个人的情绪陷入崩溃当中，整天都在自怨自艾，抱怨老天爷为什么对自己那么不公平。一切都是在上过 Money&You 课程之后有了改变，上过课后的最大收获就是获得了精神上的解救，懂得了如何去调试自己的心情。通过上课和做义工，一次一次体会那些最真诚的感动，慢慢意识到，能活着经历这一切就是最好的，还有什么比能活着更好的事情呢？说也奇怪，当我这么去想，不再去抱怨老天爷的不公的时候，心情越来越舒畅，身体康复的速度让医生都连连惊讶。

身体恢复健康后我重新投入到了工作当中，之前好的情绪在工作当中得到延续。我的想法特别简单，四次和死神擦身而过，现在的每一天都是我赚的。把每一天都当做是生命中的最后一天去过，简单、投入，却是那么的快乐。

背景链接：

广州芬雨净水技术有限公司是日本 K&IINDUSTRYJAPANCO.,LTD. 中国营销总部，以高新科技产品为依托，凭借出色的工业设计能力和严格的品质管理体系，使产品畅销市场，供不应求。总经理张志芳更以超然投入的工作风格成为行业学习的榜样。

今天，环保从我做起

最近我在计算机里安装了“google 地球”的软件，只要轻轻一点地球上那一地区，它就会逐步拉近，你可以看到一个国家、一座岛屿、一个城市、一条街、一幢大楼，甚至是路面上的车子。我到大陆上课时，会用这个软件介绍宝岛台湾，告诉内地的朋友台北在哪里，阿里山、日月潭在哪里，我甚至可以告诉大家哪一块就是我家的屋顶。而朋友们会拿起我的鼠标，告诉我他的家在北京国子监旁的哪一个胡同，我们很兴奋地找寻自己的家，兴奋地在这个软件里发现大家都住在这个蓝色星球里，只要轻轻点击，这个卫星空照的功能可以立即带你去地球任何一个角落。

地震让四川汶川的地貌都改变了，几个连续的台风重创台湾，透过卫星图发现土石流已经淹没了村庄、绿色的山林有半边已经倾圮，所有的生态学者与环境专家都提醒我们，真正的灾害祸首不是自然，而是人类，这是人类几十年来破坏地球的恶果，而且全世界无一幸免。

全球暖化，让各地高温不断，雪融了，海洋侵蚀了土地，从二十世纪以来，地球平均温度逐年上升，整个温室效应让喜马拉雅山圣母峰的高度下降了 130 多公分，而且靠近北极的格陵兰岛已经消失，北极熊的栖息地减少，有可能在 50 年后在地球绝迹。中国的北方也因暖化，沙漠地带逐渐增大，风起时，阵阵的黄沙被带起吹向北京，沙尘暴的影响让北京的居住质量受到了严重的考验。气候亦改变了植物的生产，耕地不再能满足人类的粮食，战争开始成为存活下去的选项，不安与动荡充满在新的世纪里。

这些现象，人是罪魁祸首。森林的砍伐造成土壤流失，植物减少就没办法有调节空气的能力；石油所衍生的产品会释放出大量的二氧化碳；汽机车、飞机所使用的冷煤，已让南极上空的臭氧层的破洞有两个欧洲大；为了加速动植物的成长，农民添加了农药及化学肥料，饮水及食物充满着有毒的残留物质。这些就像是慢性自杀一样，而迟早有一天，人类可能也会因此而绝迹，地球将再进入蛮荒，看google地球和看火星已经没有太大差别。

我们都是普通人，我们可能没有办法像布鲁斯·威利、像威尔·史密斯在电影里那样拯救地球，但是我们仍可以在自己所及的范围内，为环保尽一份力，哪怕只是节省一张纸、少开一次车、少用一个塑料袋，都可以。你更可以把使用冷气的时间缩短，把没有用的电源插头拔掉，或者中午吃一个没有农药的有机餐、喝一杯有机的珍珠奶茶、将所有的垃圾都分类处理，这不是为政府而做，是为了这生我们养我们的地球而做。地球是我们的家，你对它好，它就会给你健康与幸福，对它不好，它也会无情回报。

☑警觉这点之后，就从今天开始做环保吧！

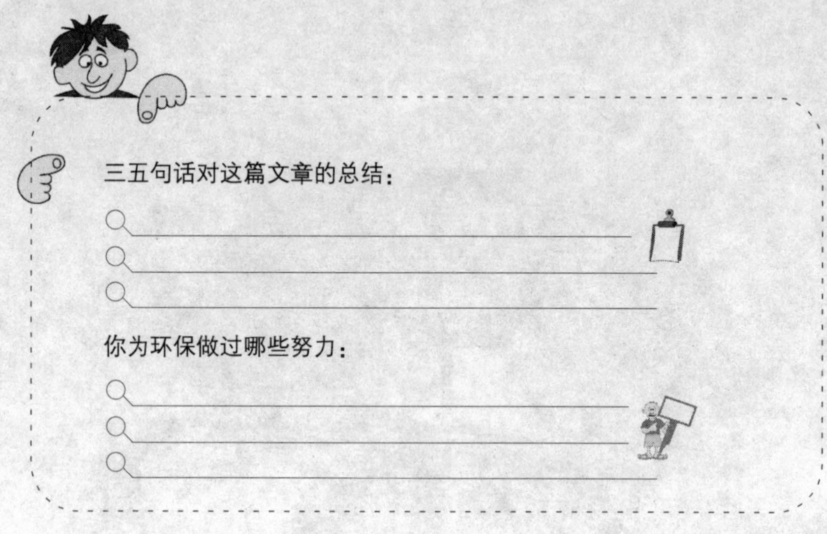

25 年 两代人 一个自行车梦想

奥运火炬手 成都老车迷自行车俱乐部总经理 杨艳丽

环境对一个人的习惯形成和改变，有着至关重要的意义。

就拿我自己来说，原本是典型北方人火辣的性格，脾气有点急躁，不太会聆听别人，但是后来到了成都，发现这里的女孩子都很温和内敛，加上年龄的增长，变得更加宽容和随和，现在即便和家人相处，都能以朋友一样的平常心对待。而原本我坚持多年的早起跑步习惯，却随着环境和生活作息改变，到了成都就没再坚持。

有感于环境对一个人的重要性，我是个十足的环保倡导者。一方面我非常支持自然环境保护，这是我们全家投身自行车运动的原动力；另一方面我觉得软环境即健康心灵的保护更加重要，即古人所说的“永怀赤子之心”，我提倡简单心、简单生活，并在 25 年来，使自己人生的一切都纯粹到几乎只有自行车——这项父亲传递给我的事业。

我们一家自从1984年父亲组织了首场自行车运动比赛，一直坚持到现在，我的朋友大多是因此而结识，我的工作每天都与此相关，我的爱好也简单到把最多的心情、时间投注到自行车上。有时候，熟悉的朋友也会打趣叫我“老车”，旁人也会好奇地问我这样的生活是不是很单调，我反倒认为，这样单纯地倾全力投入做一件事情，用毕生甚至几代人的精力，把它做到最好，就够了。

背景链接：

四川省老车迷自行车俱乐部是全国首家拥有独立法人单位性质的自行车俱乐部，是四川省体育局主管的四川省首家自行车运动专业俱乐部。自成立以来，不断推动四川自行车运动的发展，刷新了四川省无大型自行车比赛的历史。

今天，把荣耀归于别人

棒球比赛结束，电视主播正在访问胜利的投手，因为在九局的比赛中他飙出了九次三振，无疑他的球路完全压制了对方，当访问为何有此佳绩时，他很谦虚地说："其实今天的状况普通，而能投出三振主要是靠捕手灵活的配球，我只是按捕手的指示，把球投到他所想要的位置。"这句话说得很真切，然而我们却几乎看不到"捕手"，这个角色拿到单场 MVP(单场最有价值球员)，所以当投手拿到该奖项时，我觉得捕手也应该一起上台才合理。

然而，胜利光靠投捕就能主宰胜负吗？那倒也未必，每一个守备的角色只要一个严重的失误，就会扭转局势，每一个关键的打击缴了白卷，都会前功尽弃。无疑地，这是一个团队合作才能获得的成功，不论棒球、足球、篮球、排球……都是同样的道理。

有些运动是不属于团队，而是个人竞赛，像是羽球、乒乓球、网球、跆拳道、拳击等，这些选手一旦入选为国家代表队，在训练期间都会有陪练员，陪练员的角色有些像假想敌，他们的技术层次也有相当高的水平，在某些技巧上有些像他国的某知名选手，而该选手非常有可能在决赛中遭逢。为了要熟悉其打法、找到其可能的破绽，就要不断地模拟对战的情况，而这些陪练员必须要和代表队同等的努力，也必须要接受运动伤害的折磨。当选手拿到金牌时，轻吻这四年来梦寐以求的奖赏，在电视节目访问这位冠军选手时，他把所有的荣耀都归给教练及陪练员，没有这些人隐身在背后，就不会磨炼出这枚人人称羡的金牌。

选手需要教练，教练也需要选手的加持，在大陆，我常常看到教练当产品代言人，成了广告宠儿，这在台湾是前所未见的。调教出一位世界冠军，在大陆是多么令民族骄傲的事，在老家可能已贴满了号外，而村镇长正打算办流水席大肆庆祝，不论名望及财富都不可同日而语。

这是一个彼此需要的时代，没有人可以单独完成一件事，每个人都是一台机器的一部分，只有大家通力合作才能够运转，不论你是谁，你都需要他人的协助，他们都需要被肯定、被关注、被提及。如果你是团队的一分子，请将荣耀归给别人，简单的一句话，就是最好的激励，因为你也希望当别人有所成就时，会提到你及他人的帮忙。所以你希望别人如何待你，就要以此方法对待别人。

谦虚是一种美德，做一个有完整自尊的人，把荣耀归给别人是再自然不过的事了，如果做到了，团队的气氛与凝聚力将会立即有所不同。

☑今天，把荣耀归给别人。

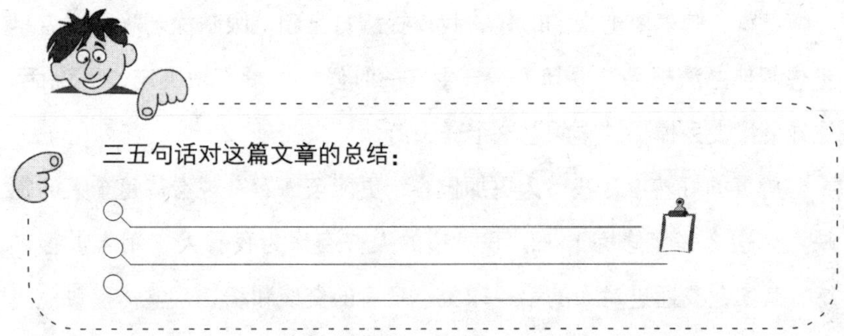

当下，各种各样名目繁多的颁奖典礼充斥着电视荧屏来娱乐大众，而获奖人“感谢……感谢……感谢……”的致谢辞也常常成为网路上被网友恶搞的对象。不管怎样，我们愿意相信那些把荣耀归于别人的获奖

感言是真诚的。

丢掉军阀的“封号”

伟之杰安保（集团）公司西南分公司总经理兼西南特卫调度指挥中心主任　杨胜利

我这些年最大的转变是性情上。年轻的时候很急躁，家人和朋友给我起个外号叫“军阀”，大概跟我的军人出身有关，喜欢直来直去，有时候脾气上来不太顾及他人感受，还有一层含义是霸气，不太接受别人的意见。

后来，我逐渐意识到，发脾气给自己和别人都会带来各种困扰。特别是作为总经理要注意一言一行对员工的影响、对整个公司形象的影响；作为父亲要注意在家庭里，自己的修养对孩子的影响。现在，每当心情急躁、脾气要上来的时候，我就提醒自己闭上眼睛深呼吸，或者尽量想其他办法把心情冷却下来。生气的时候，尽量不做决定、不说话，这样就慢慢丢掉了“军阀”这个怪头衔。

脾气的好转也让我待人更加包容，更能全面、客观看待每个人的优缺点。这么多年修炼下来，我身边的人普遍认为我看人、用人上很老练。其实，我通过对人的第一印象、日后的交谈和相处，整体衡量他的人品操守，这比专业能力更重要。日后，在彼此更多的相处和合作中，即便发现他有些缺点，也尽量包容而不是苛求改变。扬长避短是我用人的关键，它让我敛到很多优秀、忠诚的合作拍档。

CNN

背景链接：

伟之杰公司是政府指定的非官方奥运安保咨询和安保培训的专业机构，也是中国最早成立的高级安保公司，是中国最专业的保镖公司，是国内唯一一家跨省份、跨地域专门为大型活动、大型企业及名人要人提供高级安保咨询的专业公司。杨胜利在推动伟之杰公司立足于行业之首的同时，更以张弛有度的管理能力，培养出大量专业人才，为安保行业健康持续发展作出了特别贡献。

今天，不带工作回家

“如果我不在咖啡馆，就在去咖啡馆的路上。”

“如果我不在图书馆，就在去图书馆的路上。”

这两句话像是广告，像是一种生活形态的宣言，不过它好像比较像欧洲的世界，在东方，这好像是一个人颓废的象征，没办法，这实在是因为国情不同，咱们这里的真实生活，比较像“我不在办公室，就会在会议室；如果不在会议室，就在酒店的贵宾室；如果不在贵宾室，就在警局酒后驾车的拘留室；如果不在拘留室，那么很可能在医院的急诊室；如果你来晚了，那么可能我会在地下室的往生室。”虽然是一个讽刺的笑话，但是也透露着许多职场里的无奈！忙碌的工作已经侵蚀了我们的生活，一丝的喘息都变成难得的恩宠，你到底每天花多少时间在工作上呢？

一份有关“中国企业家生态调查”的结果显示，作为一个企业家，每周平均工作 6 天，每天的工作时间是 11 个小时，而睡眠的时间是 6 个半小时，我想这个数据也一样适用在台湾，一个勤奋工作的老板不是很晚才回家，就是必须把一些工作带回家里做。于是家庭变成了另一个办公室，计算机里的邮件依然一封封地控制你的精神、消耗你的体力，直到夜深人静、众人皆睡，你发现这一个晚上与家人说的话不到 10 句，你开始去认真思考，这一路走来，到底是得到的多，还是失去的多。

其实把工作带回家也并非完全不好，因为在办公环境中，常常会有突如其来的干扰，打断你原先设定好的工作节奏，有些事如果你需要一个较安静的环境，或寻找一些客观的建议时，家，当然是一个不错的选择。人们都有“当局者迷”的盲点，听听父母亲或配偶的想法，也许会让你有不同的联想：你也可以和孩子一起做功课，当孩子埋首于物理化学的繁重课业时，他看到父亲亦不断地低眉沉思，至少有一种相伴的感觉，大家还可以彼此打气。要不然中年男子吃完晚饭在沙发上看电视，很少有不睡着的，有些事做可以让人生积极些，否则一天到晚看政论节目，搞得自己心情乱糟糟，反而会影响到隔天上班的情绪。

无论如何，我们还是尽可能地要把工作和家庭切割清楚，尽可能地在下班前将工作告一段落，当我们回到家将大门关上的那一刻，我们也将办公室里的不良情绪关在门外，回到家里可以做的事情很多，包括关心家人一天所发生的事，可以帮孩子温习功课，可以泡一壶茶，读一本好书，听一首悠扬的曲子，可以与伴侣一起吃完饭到附近公园散散步，或是什么事也不做，就站在阳台看着马路上的熙攘人群，你会羡慕自己，而月色正为你而更加明亮。羡慕吗？你也可以做到的，只要白天更有效率地完成工作，然后潇洒地说：

☑今天，不带工作回家。

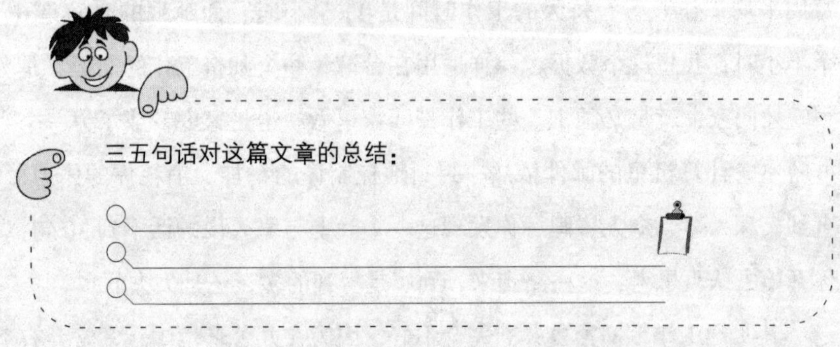

看过女儿的博客以后

郑州正九酒业有限公司总经理　谭长芳

刚做企业那会儿，一心扑在工作上，特别专注，忽略了很多其他的事情，包括对家人的关爱。后来发生在女儿身上的几件事情，给我触动特别大。于是，我开始重新审视自己、定位自己。

那是一次上网无意间看到女儿的博客。女儿在一篇文章里写道，从记事上学以来，一直都是奶奶和姑姑接送她上学放学，记忆中很少有爸爸妈妈去接送她。她的同学就问她，你是不是没有爸爸妈妈。女儿很难过但是很懂事，跟同学说，我爸爸妈妈是工作忙。而背对同学的时候，她偷偷哭了，心想自己的爸爸妈妈真的就是那么忙，不能抽一点时间多陪陪她吗？

还有一天，女儿突然对自己说，她不想读书了，想自己开店做生意。女儿才 15 岁呀，为什么会有这种想法呢？结果她说，你和爸爸每天上班是工作，下班在家也是谈工作，从来不陪我。我整天在家听你们讲的那些都“自学成才”成为管理家了。

我听着稚气未脱的女儿说那些话，觉得自己是个多么不称职的妈妈。由于自己的原因，让女儿承受了她那个年龄不该承受的沉重，而没有给她最基本的家庭温暖。从那两次之后，我开始调整自己，不再在家里和她爸爸讨论工作上的事情，尝试着每天都抽出一些时间，去关心女儿，辅导辅导她的功课，和她聊聊学校的事情和她的朋友……那以后，女儿脸上的笑容多了，再也没有提过放弃读书自己当老板的事情。

背景链接：

郑州正九酒业有限公司属河南省纯粮原浆酒酿造基地之一，营销网络遍布全国各地，已成功发展4000余家专营店，形成立体销售网络体系。谭长芳作为“酒业之花”，也是一位热心学习和交流的成功企业家，是Money&You课程理念的倡导者和受益人之一，公推为现代女性在事业与家庭之间寻求平衡发展的代表人物。

今天，不逃避问题

台湾旅美效力于道奇队的左投手郭泓志在季后赛中继登场，面对对方的强打，他只投了 11 球就化解了危机，而且这 11 球里有 10 球都是好球，都是时速超过 150 公里的快速直球。当看到打击者挥棒跟不上球速被三振时，这种张力就是棒球迷人的地方，这种投打之间是“男子汉的对决”，都不逃避对方，而用自己最犀利的武器一决胜负，在那一刻，你真的才知道“自信”对一个运动员是件多么重要的事情。

前几年连续剧《亮剑》在中央电视台播毕之后，各省的电视台也接续再播，收视率超过了另一出知名的韩剧《大长今》，该剧是以对日抗战名将李云龙的故事为主轴，里面有写实记录战事的险恶，有领导者在临危时的应变力与爱国情操。当然一个优秀的前线战士，不管面对多么巨大的敌人，都要有侠客亮剑的精神，不能临阵退却，即使要死，也要死得有尊严，即使倒下，也要像一座山、一座岭，阻碍敌人前进的步伐。

这两则例子都主张当我们碰到压力与困难时，要能够勇于面对，当然也并不是每一次都能够化险为夷，因为一个失投的球，可能让赢输逆转，一个过度的坚持更可能让全军覆没。中国人有另一套的思维告诉你，人要懂得“识时务者为俊杰”、“退一步海阔天空”。

在工作场合中，我们所做的事大概有两种：一种是你很熟悉，或是虽不熟悉，但你知道如何找资源或门路完成的事；或者你做得心不甘、不情愿的事，你会在心中立下一个门槛、一堵高墙，甚至给自己逃避的借口。前者，你可以很迅速及有效率地完成，但是后者却让你有如要独自迈过阴森森般的恐怖。

其实这种疑惧是一种假象。就像心理学大师所说："人不是因为害怕而逃跑，而是因为逃跑而害怕。"越逃避，越心虚；反之，那些我们一直不愿意面对的问题，往往是我们可以成长最多的地方，如果你愿意在一天开始时先去面对这些棘手的事，一旦有所突破，你今天就会有高昂的工作士气，而你可以用琐碎的时间去处理那些你熟悉的事，那么一天就可以拥有较高的工作效率。

什么是你今天要面对的问题呢？是一个难缠的客户？是一个很难启齿的请求？是一个没头绪的任务？是面对一个你很讨厌的人？还是要调解一个棘手的纠纷？躲，只是一时的，你仍需勇敢地面对它，即使做得不完美，你也不会有遗憾，这就是亮剑，就是真正男子汉的对决，给自己一个成长的机会吧！

☑今天，不逃避问题。

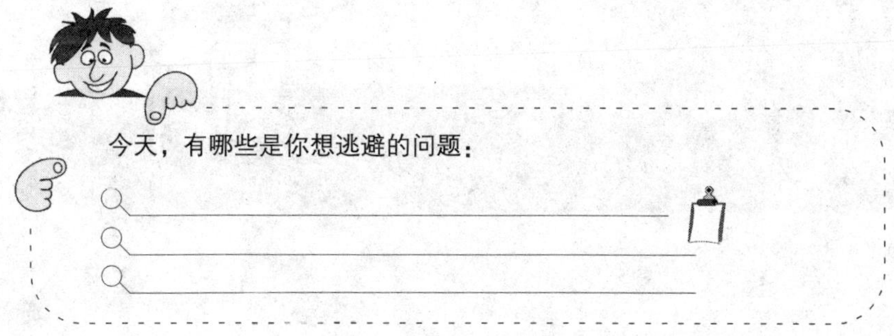

不同的人面对压力和困难会有不同的反应，但不管如何反应，"逃避"都是不该有的态度。DISC 是一个帮助人们更好了解自己的软件，

它告诉你各类性格的人在面对压力时是怎样的心态，进而指导这些性格类型的人怎样更好更有效地面对压力解决问题。来网站看看，你属于哪种性格 http://www.51disc.cn/。

果断剔除团队中的烂草莓

大连易生原健康咨询顾问有限公司总经理　孙红兵

在团队的管理中，以前我的风格有点过于急躁，太快对人下结论，然而这种过快的结论往往是错误的。后来通过上郭老师的课，明白天才就是放到合适的位置，开始用心体会、观察每个人的优缺点，把他们放到合适的位置上去发挥价值。

但是，企业里面的烂草莓，是绝对不能允许存在的，这种人在我看来，有以下两种：

第一种，自己的工作不认真做，做不好，还怨天尤人，处处抱怨，并去把不好的态度和言论传递给其他人，影响团队整体的积极氛围。他的破坏力很强，我们在排除他的时候不能犹豫。

第二种，本身工作能力很强，但为人和品行不合格，他比上一种人更可怕，对企业的危害也通常更大些。因为，这种人通常在企业里比较隐蔽，很难被发现，甚至有时候管理发现了，还会顾忌他的才华，犹豫是否施予惩罚。结果，通常造成了企业和其他员工很大的损失。

作为一名成熟的管理者，要及时发现上述两种烂草莓，并且果断地排除，才能保持团队的高效和良好的氛围。

背景链接：

大连易生原健康咨询顾问有限公司始终坚持以弘扬传承中华五千年传统自然养生医学文化为己任，致力于中华传统自然养生医学文化的理论研究、推广和教育。总经理孙红兵凭借突出的领导力，使企业引领了中国传统自然养生医学文化，实现了员工个人价值与集体、社会价值统一的理想。

今天，丢掉该丢掉的东西

曾经出国的人，都会相信整理行李是一个大学问，同样的一个行李箱，装东西的数量及顺序是一个十分需要经验的差事，尤其是全世界都笼罩在恐怖攻击的气氛时，各国的机场安检都特别严格，若是带了不该带的东西，小则被没收，大则被留置审问，总之自己安分一些就好。

我母亲是个打包的高手，不论是早期开放大陆探亲时带回老家的衣物，或是到美国东岸探望我三姐时，这些行李装箱的事都不劳我父亲插手，尤其是母亲会在出发前先询问三姐全家有什么东西要带的？于是吃的、玩的、穿的、用的，都大肆采购，当然也有些东西得用“藏”的，这也是天下父母心的一种表现。

因为工作的关系，我也常常往来于内地间，我有不同大小的行李箱以应对我出差时间的长短，我也喜欢整理行李的那个过程，因为空间是有限的，在你设想衣服要带哪一件时，你已经预想了这趟行程所会去的各地，你会知道此时那儿的气温，甚至风势大不大？你会碰到哪些人？你有没有时间自己洗衣服？做完这些抉择后，你仿佛已经完成了一趟旅行。而有些东西毕竟没带，这些东西可能并不是不好，而是此行你暂时不需要，舍掉它会让自己行路更加自在轻松。

我想人生如“舟”吧！人生像一条船航行在大海中，我们都是掌舵的人，船上如果载了太多的东西，就会降低船航行的速度，甚至有沉没翻覆的可能性，把该丢的东西丢掉吧，这样才能够轻舟已过万重山，行得自在、走得潇洒!

要丢的其实何止是旅行中的包袱呢?使用计算机的人都知道硬盘的容量很重要，我记得以前的笔记型计算机大概只有30G到60G的容量，现在买160G已是基本的配量，当真的不够用时，还可以去买移动硬盘。电视购物频道不断告诉你他们的计算机可以储存多少部DVD电影，可以放多少MP3的歌曲或高画质的数码照片。然而计算机使用者也知道，如果数据太多，则会降低计算机执行的功能，所以当某个时间到时，都建议你进行磁盘重整的步骤，其目的只是清理暂存的空间，但是若要真的有效率，你必须要把那些用不到的数据删除，将那些资源回收站的档案清空。

除了计算机之外，你的办公桌上、抽屉里、家里的储藏室、衣柜、甚至鞋柜、冰箱也该清一清了，尤其是家里，也许在冰箱里已经有过期的食材，在厨房的一角已经有发了芽的马铃薯，在放零食糖果的罐子里已经充满了潮味，在放药品及保健食品的抽屉里还放了许多不知用途的药锭或胶囊，还有那已经堆得像山一样高的旧报纸和杂志，你可以送到资源回收站，当这些东西被清除后，你会更珍惜这个生活空间，同时也会拥有不同的心情。

删除不必要的档案，你只要动动手指头就好，要丢掉周遭没有用的东西或已用不到的东西，除非真的有纪念性或保存价值，那么你就必须要克制自己的温情主义，要不然，它会像泥沼一般让你陷落其中。丢掉该丢掉的东西吧，看看现在四周的东西，找一个地方开始，这个工作永不嫌迟。

☑今天，丢掉该丢掉的东西。

三五句话对这篇文章的总结：

看看四周，哪些是你应该丢掉的东西：

管理也要顺其自然

大连当天阳餐饮有限公司总经理　周长生

对于习惯的话题，我认真地想过，最想和郭老师、家人和所有企业家、读者分享的是什么，也有很多激励和鼓舞的话跃入脑海，但我最终想说，也觉得最适合我的是让一切顺其自然，是要有一颗随缘的心。

作为企业的管理者，当然会对自己的方方面面都有高于别人的要求，但我对自己的这些要求应该都是在潜移默化中，而不是急切的，所以它们对我就像土壤于植物、水于鱼，而绝非牢笼于飞鸟。比如，工作上我会丢掉不必要的包袱和心理压力，给自己明确目标，同时也会顺势而为，花更多的时间和耐心为目标的实现寻找机会。

即使工作上承受较大压力的日子，我都会调整好心态，在推开家门前的那一秒，把苦恼、忙碌的心情丢进门口的垃圾桶。工作之外，我给人最深的印象恐怕就是顾家了，是家庭观念非常强的人。投入最多的时间去陪伴家人，跟他们一起的时光是最放松、最温暖的，特别是我的两个小孩，从某种程度上讲，无论是带他们出去旅游，还是一家人在家里其乐融融地做点东西吃，或者花些时间陪爱人一起看她沉迷的连续剧，或者带孩子去儿童乐园玩一整天，或者陪父母打几圈麻将。

有次朋友说，佩服我凡事举重若轻的性格，还问有何秘诀。其实，只要能够放下，心中多半的负担自然就没了。

背景链接：

大连当天阳餐饮有限公司，是家喻户晓的“小船海鲜”为主打的大连海鲜名店，也是大连海鲜餐饮名店中的一朵奇葩。在保持品牌广泛的知名度和美誉度同时，更因贴近市民消费水准和口味，荣获“最受市民喜爱的品牌”。

今天，凡事保持冷静

你是一个临事不乱的人吗？要能够在紧急中作出正确的决策，我们必须要有一颗清澈冷静的心，其实每一个人的能力都相差不大，可是最后往往是心理素质决定了胜出的关键。

当然，每一个人的情绪反应都和个性有关。有些人在些微刺激下就像刺猬一样，立即有了防御功能，稍一不慎就会擦枪走火，造成更大的破坏力；也有些人遇危机时亦能神色自若、泰然因应。这些功夫需要不断的自我警觉才能精进，所以我们要不断地提醒今天的自己，一定要冷静、冷静、再冷静。

当人们有一颗缓和平静的心时，四周将会充满着上天的旨意。话说西方有一个魔术大师，他以逃脱术闻名全球，任何铁链及锁都困不了他，总是在时间终了时，这位魔术大师都会奇迹般地出现在现场观众的面前，他也习惯了人们的惊叹与掌声。为了挑战自己，他向世界下战书：要在60分钟内从任何锁中脱逃。条件是他必须要穿特制的衣服，而且过程中不能有人在旁边偷看。这个消息透过媒体放送，全世界都在讨论这个话题。

这时有个英国乡下的农民，决定向这个魔术师挑战，他特别精心设计了一个坚固的铁笼，并且配上一把非常复杂的锁头。魔术师接受了这位农民的挑战，这场世纪的对决，甚至吸引了各地的赌盘下注。魔术师穿上了他特制的衣服，走进笼子里，门外的大锁沉闷地扣紧，其他人依约定不能看其逃脱的手法，对于这个号称再复杂的锁都能在极短时间内打开的人而言，他的挑战正式开始。

魔术师从衣服里取出了工具，开始按照其经验一步步地检查这个锁的构造与材质，他用耳朵紧贴着锁，期待那个熟悉的声音出现，可是45分钟过去，90分钟过去，魔术师开始紧张，额头上汩汩地渗出了汗珠，他的手也开始发抖，他不断地吞噬自己的口水，却始终听不到期待中锁头弹簧弹开的声音。2个小时过去了，他失败了，把手上的工具一甩，筋疲力尽地将身体背靠在门上，结果门却顺势而开，这个发现让魔术师大吃一惊，原来铁笼上的门根本没有上锁，那看似来者不善的锁其实只是个虚有其表的家伙。

就像那位魔术师，当人们紧张时，其思维及应变能力就会受到局限，再厉害的功夫都很难显现，更忘记了：当上帝给你一个考验时，也同时在旁边安排了天使，随时为你准备好一把钥匙。我喜欢中国人讲的“万物静观皆自得”，冷静的心是颗清醒的心，是不被外界干扰的心，当遇到问题时，你能依靠的只有它。再次提醒你：

☑今天，凡事一定要保持冷静。

DISC 教会我心平气和

上海市立昊实业有限公司总裁　李明

我以前是很典型的工作狂，每天关注的都是事情、结果，很少关注人。也是这个原因，我脾气很急，缺乏耐心，尤其在谈论工作中，遇到更关注人、关注过程的伙伴，就忍不住会发脾气。

后来，通过结识实践家，了解到 DISC 性格测评软件，它是世界上最广泛使用的性格测评系统，是被香港教育局指定为小、中、大学校长上岗前必须参与的测评。它的权威性吸引了我参与测试，结果显示：李明是 D（支配型）占主导，这类人最明显特征是关注事情，不在意人的感受，缺乏耐心，性格急躁……

看着报告中对我在工作、生活中表现出的各种行为特征和原因，与人相处和团队管理中的优劣势评价，我当时的感觉就像终于找到了知音，从此迷上用 DISC 看人。直到现在回过头来发现，这不仅是性格修养的转变，甚至是我的世界观和人生观。

DISC逐渐成为我的待人处世的“宝典”，每当结识新朋友，我都要在心里先给对方测一下；每当发生摩擦和冲突，我也会用宝典中的攻略来化解矛盾。比如，以前我总是不自觉地把人根据行事作风和工作效能分为三六九等，I型人往往是我们D型最看不上的那一类：工作效率低、讲话多且抓不住重点的一种，尤其是太喜欢开玩笑、出风头。这在过去也是最频繁惹怒我，害我拍桌子、发脾气的一类人。但DISC认为“天才就是放对位置”，人人都有他的价值，I型人的优点在于制造愉快的气氛，并在与陌生人打交道时非常自信，他们很适合做销售和公关，也是最懂得人生乐趣的族群。

当我放下对I型的成见，了解他们的内在特质和优点，并尝试用他们喜欢的方式沟通，我发现，他们不但活泼可爱，也很优秀，甚至是他们让我懂得乐在工作、乐在生活，我想大概是我的I特质也受其影响，不断升高吧！

背景链接：

上海立昊率先提出了“水与细胞健康”概念，致力于造福人类的健康产业，生产能直接进入人体细胞的饮用水——“水六方”生态氧能量水，产品获国家发明专利。李明女士现正协助推进上海地区“百企进百校”大型公益活动，并倡导以DISC测评系统，革新企业用人模式。

今天，升高一层的观察和思考

上海浦东的环球金融中心是目前上海地区最高的楼层，与比邻的金茂凯悦与东方明珠并列为上海三大高楼。开幕后没多久，趁着在上海出差之际，我也买了门票，搭着快速电梯直奔观景台，这里楼高一百层，虽然高度略逊于台北 101，但伫立在黄浦江，以及特殊的造型和 101 相较，却有过之而无不及。

如果天气好，空中没有杂质，那么就更值回票价了。因为位置高，陆家嘴的绿地就在脚底下，俯视四周，浦东的新颖写字楼就像一排乖乖蹲下的小学生在听讲，而排头最高的就是金茂凯悦，最苗条的是东方明珠，骨瘦如柴却三围突出，后面的黄浦江像是一条黄泥水沟，来往的船只像是纸折的一样，而另一侧是浦东的豪宅群，放眼望去，一大片像是售楼中心的模型，在这个高度看景物，的确有不同的体会。

网友寄给我一套 PPT 档案，主题是“雾锁台北城”，这个城市我生活了四十多年，每天像蜉蝣一般的行走，没有注意到这个城市有何不同，然而 PPT 里的每一帧照片都让我惊叹。照片是从台北盆地四周的小山上拍的，时而清晨、时而黄昏，计算机的播放功能由近拉远，配上动人的音乐，那朦胧的雾如云层、似轻烟，我看不到是因为我就在雾里，除非我站在山上，我才能看清雾的方位以及移动的方向。

这个概念也适用在工作与人生当中，习惯领域学说创始人游伯龙也将“升高一层的观察思考”列为扩大习惯领域的方法之一，尤其是迷茫找不到目标和方向时，这个方法会帮助我们用更高的视野来看待事情。

在工作场合里，我们常常会被调任到一个并不是很中意的部门，你可以唉声叹气，你也可以选择升高一层思考，相信这是主管要栽培我、提拔我的过程，当我经过这些历练后，我的能力在公司里将是最强的，说不定未来的接班人就是我呀！当碰到麻烦不顺时，你也可以告诉自己，这是天降大任也，而这个特殊际遇一定有着不同的意义，一定有着上苍难得的眷顾，这时困难将不是阻碍，更是让我们攀向高峰的一步梯。

升高一层的察思也告诉我们要懂得换位思考，有时要用老板的角度来思考事情，就不会形成组织里的本位主义，为人子女者也可以站在父母亲的角度与位置来考虑事情，你才能体会到父母亲的难处，你才能了解什么叫做天下父母心。

台北市依旧是我生活的重心，这儿还是一样拥挤、一样有黑暗脏乱的角落，我虽然无法改变台北市的风貌，但是我可以决定看台北市的高度。雾中的台北，真美！

今天，你会用什么位置来看待一切的发生呢？

☑今天，升高一层的观察和思考。

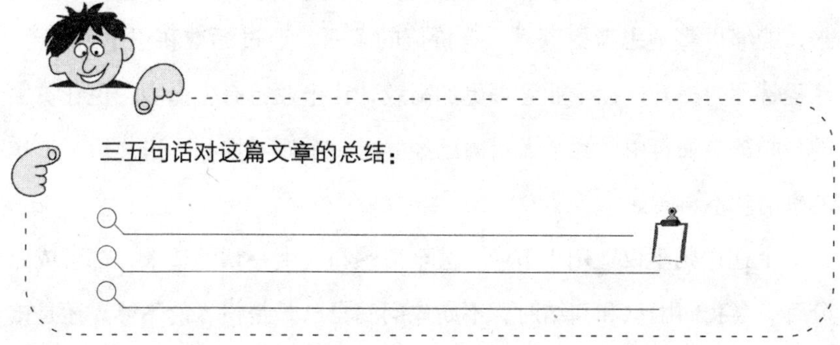

创业过程中的结合与抽离

四川省成都黑艺石图文印务董事长　阳建

几乎每个人都渴望过上有钱又有闲的生活，但是我们在追求成功的过程中，却不得不全身心地投入事业，甚至有些不自觉地沦为赚钱机器，成为有钱却不快乐的人。有感于郭老师Money&You课程的启发，还有我个人这些年的创业经历，深知在实现上述目标过程中，有两个阶段不可或缺：

第一阶段，我叫它结合期。往往是创业的最初阶段，无论从资源的获得还是内部的管理，都难免要面临太大的考验和抉择，也会有很多临时突发的事件。普遍认为，这个阶段的核心状态必须是全身心地投入给工作。我和很多朋友回忆这个阶段，唯有把自己的命运同企业紧密联系，甚至到忘我、忘家的地步，才有后来的成绩。

第二阶段，抽离期。公司慢慢运转平稳起来、规模做得越来越大，我选择走程序化、标准化的路子，通过管理制度的完善，让自己和员工能够从深入的工作中特别是一些完全可以避免的困扰中，尽量摆脱出来，能够更多地思考更深入、有价值的东西。通过标准和程序的完善，流程管理的提升，让企业管理更加高效，让企业更有生命力，也让员工的身心都更加自由。我个人目前已经养成一个好习惯：下班之后，工作的事情就不再想。

上述法则不仅适用于事业，甚至情感和人生一切的追求，都可依此分解。当我们困惑和纠结时，不妨先问问自己，是投入的不够，还是该适当抽离，也许，世间很多的不快乐，都可以从中求解。

背景链接：

成都黑艺石图文快印有限公司是成都印刷业一颗冉冉升起的新星，其胶印的印刷品质可与传统印刷相媲美，特种纸和铜版纸的印刷质量高、速度快、效果佳。阳建多年来坚持不懈地推广印刷技术和理念，使其得以不断改进和提升，更好地服务大众。

今天，为家里做些事

我是个在女人国里长大的男孩子，在没有结婚前，除了妈妈之外，我还有三个姐姐；结了婚后，内人全心持家，又生了对双胞胎女儿，我和父亲始终是家里的少数民族。庆幸的是，我和父亲都没有“君子远庖厨”的大男子主义。

小时候爸爸也会下厨房，印象中爸爸的“粉蒸排骨”及“罗宋汤”做得比妈妈还好吃，即使年纪已经八十多了，爸爸还喜欢自己到市场买菜，虽然妈妈常唠叨他不会买东西，而且每次明明东西还没有吃完，又带了新的东西回来。前一阵子体力较好时，爸爸也会拎着重重的一包米或一桶油回来，虽然他已无法做登梯爬高的活儿，但是擦桌洗碗的事，他亦做得甘之如饴，这一点，爸爸永远都是我的榜样。

我也下过厨房，小学还是初中时，我就会炒蛋炒饭了，而且我是用妈妈放酱油的方式炒，这样比较香，爸爸是撒盐巴，看起来白白的，一点也不吸引人；或是我会用冰箱里的排骨汤来煮泡饭，将剩菜剩饭倒进去搅一搅，打个蛋花，放一些沙茶酱，就是可口的一餐。后来当过童子军，在野外露营野炊时也学过几道菜，不过久未使用，恐怕早已生疏。

每次去大陆出差，我总是会问酒店的附近有没有超市，我和父亲好像有共同的毛病，就是每次出门，都想要带些东西回来。我不知为何有一个怪怪的兴趣，就是很喜欢看超市邮寄来的促销 DM，而且每天会不由自主地去翻阅好几次，若是没有按时收到，我竟会像等不到情书般的慌乱，当然逛超市为家人买生活日用品，就成了我调剂生活的良方。每次要出国，我总希望帮家里的冰箱填满，让家人无后顾之忧，有这种想法的人，不知道是多还是少？

我还记得念幼儿园时，有时爸爸下班时，会带一份香酥的炸臭豆腐回来，蒜蓉酱汁的浓郁味道，一旦倒到白色的磁盘上时，那金黄的臭豆腐就是晚上最珍贵的佳肴，虽然已是四十年前的往事，但是那香味不只是一种气息，更是一辈子留存的回忆！现在，当我下班时，偶尔也会为家人带一些卤味，或者珍珠奶茶，当然还有那香传四十年的老东西。

为家人做的事，并不是要让大家突然感动涕零的伟大事情，而是增加身为一家人的参与感，你可以在另一半煮汤时帮忙打一个蛋花，可以默默地整理垃圾，也可以更换天花板上不亮的灯泡，可以主动去切一盘水果，或是下班回家前打通电话回家，问问家里的日常用品有没有要添购的？当然一盘喷香的臭豆腐也是不错的选择。

今天，为家人做些事。下了班除了公文包以外，还提着购物袋的男人最迷人。

☑今天，为家里做些事。

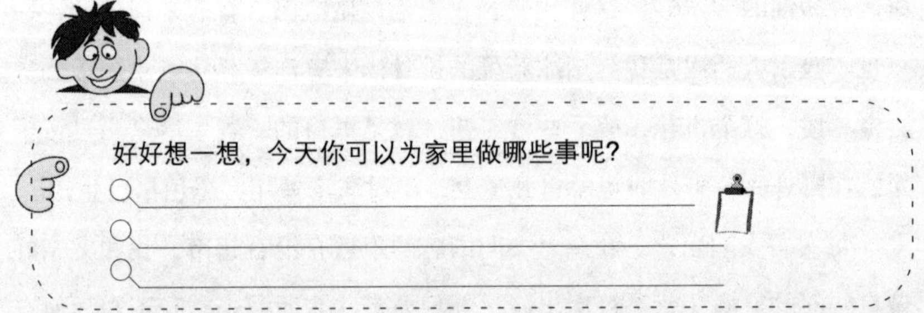

这篇文章写到一半时，听到爱人在厨房叫我，说是抽油烟机的排风不转了。我立马停下文章过去帮忙，回来后发现后面的部分写起来更加流畅了。

留一半自己给家庭

大连心语林餐饮管理公司总经理　刘力玮

如果说我有什么稍微特别些的地方，可能是每天准时上下班。有人觉得简直无法想象——开着三家公司，却是近乎朝九晚五的生活。这也是我很想推广的一点，就像我不准员工迟到一样，也从不提倡加班。

每个忙于事业的人，还需要留一半自己给家庭。我个人很恋家，喜欢做家务，大概这是不善言情的自己，表达情感的最朴素方式。做家务对中国男人，特别是中国北方的事业型男人而言，似乎是不小的挑战，但对我来说，是要做且喜欢做的。

周末给父母炒几个菜，让他们一边吃一边称赞，等他们吃饱，我还会抢着收拾桌子、洗碗。晚上帮爱人收衣服，给孩子检查作业。然后，全家坐在一起规划下一次的旅行。或者，某一天早上提前起床，把早点买回来放在桌上，再叫醒家人。多年来，因为工作忙，偶尔也会有忘记自己，忘记家人，但没多久，我就会提醒自己做点家务，好像从心里渴望，在每一个细枝末节的小事上，都和家人尽量多地贴近到一起。

背景链接：

心语林旗下分为心语林茶餐厅和吃吃看中式快餐两大品牌。心语林是集饮品、西餐、商务套餐为主的休闲娱乐、棋牌、阅读、会友为一体的综合性休闲场所，努力创造“喝茶品茗、坐享人生”的休闲文化，已成为大连地区温馨、时尚、典雅的饮食休闲文化代名词。

Money&You 国际课程——Money 和 You 的完美结合
揭露事业成功与家庭幸福的秘密

一生至少要来参加一次的课程。这不只是一两个人的奇迹，二十九年来，它已经成就了 50000 多不同肤色的人，Money&You 已被历史所认证。Money&You 是美国商业经典学院课程之一，专门讲授顶尖商业经营技巧。许多著名人士，如《心灵鸡汤》作者杰克·坎菲尔和马克·汉森，《富爸爸穷爸爸》作者罗伯特·T.清崎，Tom 户外传媒集团总裁李践先生等都是这个课程的毕业生。Money&You 提供在全球多种语言终身免费复习的服务，品质在全球培训界首屈一指。

郭腾尹老师是亚太地区公认最好的 Money&You 讲师，被商界成功人士称为心灵的导师。**凡购买此书的读者，可登陆实践家传媒网站发表读书感想，将于 2009 年抽取 10 名幸运读者，与亚太地区成功人士共同亲临郭老师课程现场，探讨事业与人生成功之道。**

您将感受到 Money&You 在三天中带来的震撼，学到最新的突破性的商业经营技巧。课程融合了仿真商业环境的游戏，让参与者了解什么是最有效的商业经营模式，从而使他们的事业经营更成功。

网站地址：www.doersmedia.cn

到目前为止已经有来自于30个以上不同的国家，超过6万名卓越精英从这个全球最佳商业暨心灵成长课程中受益，其中包括：

安东尼·罗宾——全球最顶尖的激励大师
罗伯特·T.清崎——全球畅销书《富爸爸穷爸爸》作者
杰克·坎菲尔——全球畅销书《心灵鸡汤》合著作者
史宾赛·强生——全球畅销书《一分钟经理人》合著作者
凯利·克兹——《星球大战》电影制片人
大卫·尼南——“Business & you”创办人
朱利·薛本——《Elle》杂志总编辑
珍妮·泰——时间玻璃公司执行董事（新加坡）
法德瑞·迪里——96杰出女性企业家得主（香港）
维妮塔·何——凯悦饭店事业发展部总监
朱卫茵——飞碟电台节目主持人（台湾）
叶明全——《让钱追着你跑》作者，台湾顶尖寿险专家
孙伟成——大陆股票上市公司董事
李　践——李嘉诚旗下tom户外传媒总裁，香港行动成功学创始人
陈宝春——“新智网”创办人
易发久——“影响力机构”创办人
陈艾妮——台湾地区最知名的两性沟通专家
张启扬——马来西亚全国最大英语培训特许事业创办人
何　平——七匹狼—与狼共舞创办人
邱智铭——2008年北京奥运会文具赞助商
朱跃明——浙江省最大物流系统创办人
齐大伟——味之都餐饮连锁创办人
王　勇——上海永琪美容美发连锁创办人
……